なんで
中学生のときに
ちゃんと
学ばなかったん
だろう…

現代用語の基礎知識・編

おとなの楽習

7

理科のおさらい

化学

自由国民社

装画・ささめやゆき

はじめに

地球温暖化や酸性雨、オゾンホール、農薬汚染など、現代は地球規模での環境問題に直面しています。これらの現代的なテーマを議論するには、どうしても化学の基礎的な知識が必要になります。

例えば、地球温暖化を考えてみましょう。地球温暖化とは大気中の二酸化炭素の増加の問題です。その二酸化炭素は化石燃料を燃やすことから排出されます。燃やすと二酸化炭素がどうして排出されるのか、それを抑える一つの切り札である燃料電池とはどんなものなのかなど、地球温暖化を理解するには基礎的な化学の知識が不可欠になります。

別の例として、酸性雨を考えてみましょう。酸性雨は窒素化合物NOx、硫黄化合物SOxという物質が原因です。これらは、どんな物質で、何から生まれるのでしょうか？　これらに答えるにも基礎的な化学の知識が不可欠になります。

では基礎的な化学の知識とはいったい何でしょうか？　ずばり答えると、それは「中学校で学ぶ化学」です。そこには、原子や分子、イオン、酸化・還元、酸・アルカリ、など化学の基本常識が目白押しです。これらをマスターすることで、ニュース報道などでテーマとされるさまざまな問題が理解できます。

また、解決策も議論できることになります。

本書は、現代の抱えている化学上の問題を理解し、議論するための必要にして不可欠な常識、すなわち中学校理科１分野の化学の知識を提供することを目的としています。中学時代のことは忘れてしまった方も多いことでしょう。また、十分理解しないまま放っておいた方もいらっしゃるかもしれません。しかし、現代はそんなことを言ってはいられません。温暖化や環境破壊、エネルギー問題など事態が非常に切迫した問題が山積みされています。本書を通して、現代の山積みする環境問題への理解を深めて頂ければ幸いです。

なお、本書の性格上、次の点はご容赦ください。

＊引用した文献は、多少アレンジされています。例えば、入試問題の引用では、紙面の都合上、変更を加えています。

＊わかりやすさを重視したため、厳密性を欠いているところがあります。

＊注記がない場合には、常温・常圧での記述です。化学的特性は圧力や温度で大きく異なることがありますが、それを記述していると冗長になり、わかりやすさが失われてしまうためです。

2009年春　　　涌井良幸

＊もくじ＊

第3章 中学理科で登場する物質

第4章 物質の状態とその変化

第5章　水溶液

第6章　化学の計算問題

第7章　化学変化と原子・分子

第1章……実験は化学の基本

1 器具の名前を覚えよう

化学を料理に例えるならば、そのメインディシュは実験です。メインディシュ抜きにしてフルコースの料理が語れないように、実験なくして化学は語れません。

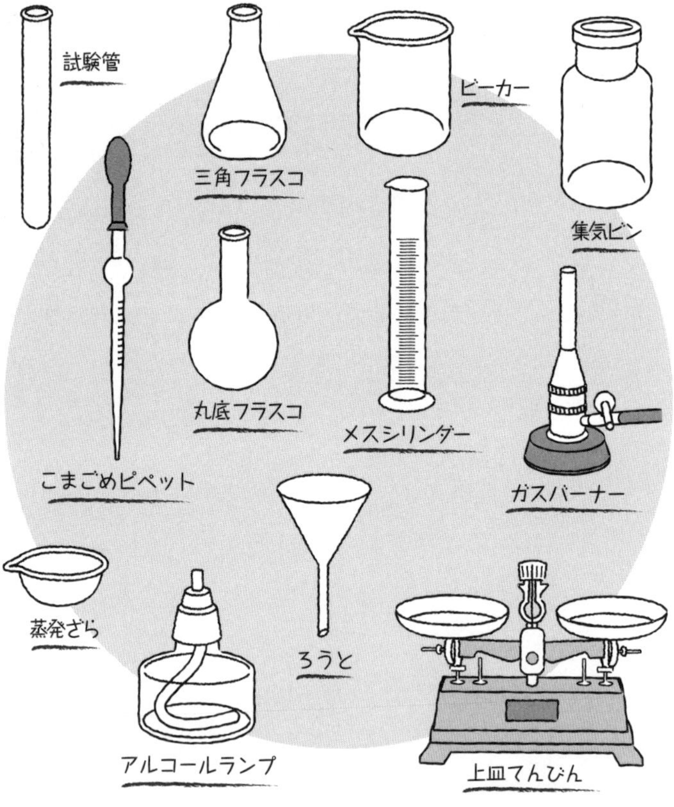

実験は「物質」との会話です。会話を通して人の個性が浮かび上がるように、実験を通して物質の個性が私たちの目の前に描き出されます。

では、その化学実験の入口は何でしょうか？　まずは実験器具の名前を覚えることです。次に、その正しい使い方を覚えることです。

ここでは、中学校でよく利用される実験器具を左のページに紹介します。他にもいろいろなものがありますが、ここで紹介する基本的な器具さえ知っていれば、困ることはないでしょう。

説明は必要ないかもしれませんが、一点だけ。それは、丸底フラスコと三角フラスコの使い方の違いです。強く熱したり圧力変化が起こったりする実験では丸底フラスコを、安定性が必要な場合は三角フラスコを使います。

ちなみに、「こまごめピペット」を覚えていますか？　上部に吸引ゴムが付いていて、ピペット管の上、三分の一の部分が膨らんでいるスポイト状のピペットです。素早く安全に液を採取できる仕組みになっています。この名前は実は東京都立駒込病院の「こまごめ」に由来しています。学校の化学実験だけでなく、化学や医学、生物学の専門分野でも広く使われていますが、「Komagome Pipette」が世界でも通称となっているのです。

2 正しい実験器具の扱い方

実験器具を用意しても、正しい使い方を知らなければ、正しい実験結果は得られません。また、器具を壊してしまったり、怪我をしてしまったりする危険があります。

●試験管に薬品を入れる場合

＊液体を入れる場合には

液体の入った試薬ビンはラベルを上にし、斜めに傾けた試験管にそそぎます。その際、試験管の四分の一を目安に入れます。多くても三分の一を超えないようにします。

ラベルを上にするのは？

試薬ビンのラベルに薬品がたれ、薬品の文字が見えなくなってしまわないためです。ラベルの文字が見えなくなると、中身の濃度や使用期限、もっとひどいときには中身の名前すらもわからなくなってしまい、とても危険です。

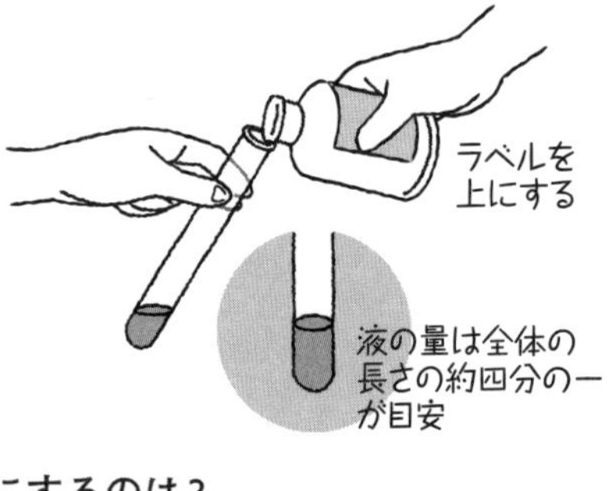
ラベルを
上にする
液の量は全体の
長さの約四分の一
が目安

試験管に入れる量を少なめにするのは？

反応したときに、噴きこぼれるのを避けるためです。また、試験管を斜めに傾けるのは、万一、噴きこぼれたり、飛び跳ねたりしても、薬品が自分に当たらないようにするためです。

＊固体の薬品を入れる場合には

ガラスの壁面に沿って、そっと滑らせて入れます。上から落とすと、ガラスを破損する危険があるからです。

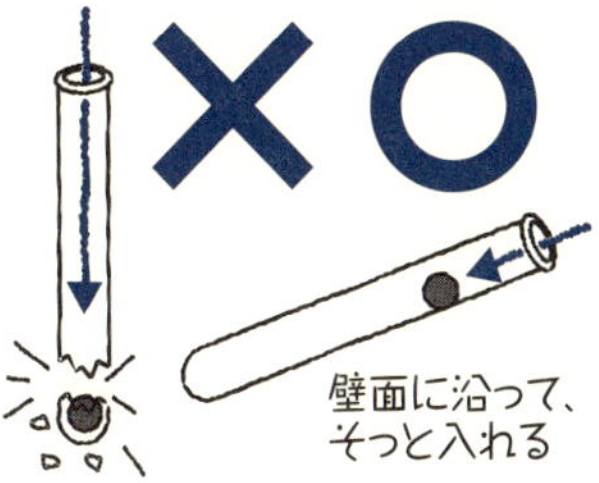

●ビーカーで薬品を混ぜる場合

ビーカーの水に薬品を均一に混ぜる場合には、ガラス棒で混ぜ合わせます。その際には、ガラス棒はビーカーの壁面にぶつからないように、ゆっくりと回転させてかき回します。ガラス棒を上下に動かすのは厳禁です。ガラス棒がビーカー壁面にぶつかって、破損する危険があるからです。

このように、器具を扱うには気配りが重要です。その気配りには実験の正確性と安全の面から、合理的な理由があるのです。それをしっかり理解して、実験を進めることが大切です。

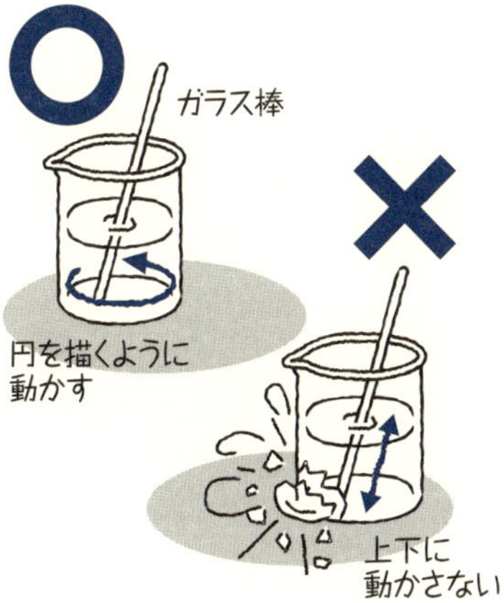

3 質量の量り方

化学の実験では、できるだけ正確に質量を量ることが大切です。学校では分銅《ふんどう》を使って重さを量る**上皿てんびん**を使用しましたね。

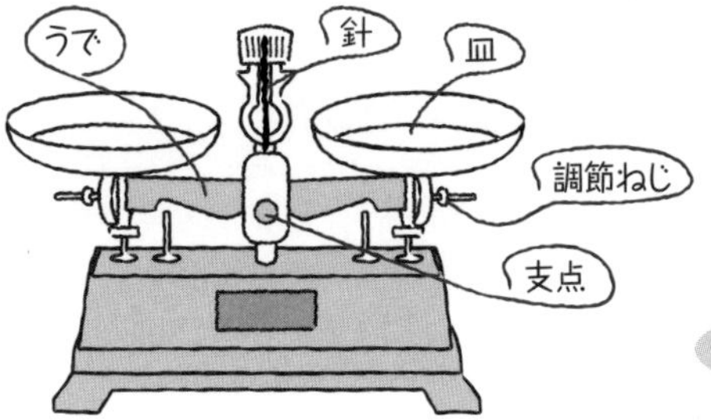

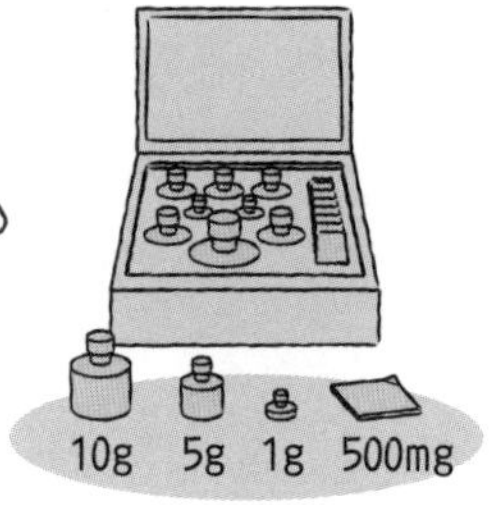

分銅

●上皿てんびんの使い方

(1) 安定した振動しない水平な所に置いているか、チェックします。

(2) 皿を両方にのせ、針が中心から左右同じ幅で振れるように、調節ねじで左右のつり合いをとります。

(3) 量るものを利き手ではない側の皿にのせ、それとは反対側の皿に量るものよりも少し重そうな分銅を静かにのせます。分銅はさびるといけないので、直接手でつかまずに、ピンセットで持ちます。

(4) 分銅の方が軽ければ、一回り重い分銅に替えます。
(5) 分銅の方が重ければ、一回り軽い分銅に替えます。
(6) (4) (5) を繰り返します。つり合ったところで、皿にのっている分銅の質量の合計を測定値とします。

以上の手順にはそれぞれの理由があります。例えば、(2) で針が止まるまで待たないのは、時間を節約できるからです。同じく (3) で先に重い分銅をのせるのは、素早く測定値を求められるようにするためです。

さて、粉末や液体の質量を量るときには、直接上皿てんびんに薬品をのせるわけにはいかないので、一工夫が必要です。

＊粉末を量る場合には

薬包紙を皿に敷いて、その上にのせます。なお、薬包紙の分だけ粉末の皿の方は重くなるので、同じ重さの薬包紙を、分銅をのせる側の皿にも置いておく必要があります。

＊液体の質量を量る場合には

ビーカーなどの容器に入れて測定します。その際には、前もって容器の質量も量っておくことが必要です。容器に入れた質量を測定後、その容器の質量を引けば、液体の質量が量れます。

最近では、中学校の理科実験でも電子てんびんが多用されるようになりました。電子てんびんは、量るものをそこに置くだけで質量が自動的に測定できるので便利です。

4 温度の測り方

学校では、通常、**アルコール温度計**が使われています。アルコール温度計は安価で、基本的な使い方を学ぶのに適しています。水温、地温、気温を測るのに向いていて、安価にもかかわらず幅広く使えます。

実は、中の赤や青の液は、色を付けた灯油なのです。アルコール温度計といいながら、「内容に偽りあり」です。

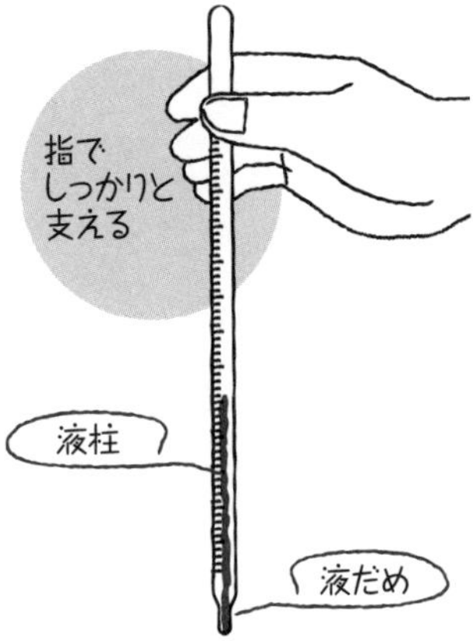

先端にある液のたまった所を**液だめ**、それから上に伸びる毛細管を**液柱**といいます。温度が上がると液だめの灯油が膨張して液柱の灯油を押し上げ、温度を表示するという仕組みです。

液だめ部分は破損しやすいので、測定する場合には、図のようにしっかり指で押さえておくことが大切です。

●温度計の読み取り方

（1）体から20～30cm離して測定しましょう。体に近付けすぎると、体温の影響を受けたり、息がかかったりして、正しい測定ができません。

(2) 液柱の真横から温度を読みましょう。ガラスの屈折の関係で、斜めから読むと正しい温度を読み取れません。さらに、目盛りの十分の一の値まで目分量で読み取ります。これは、体積など他の多くの測定の際にも共通のことです。

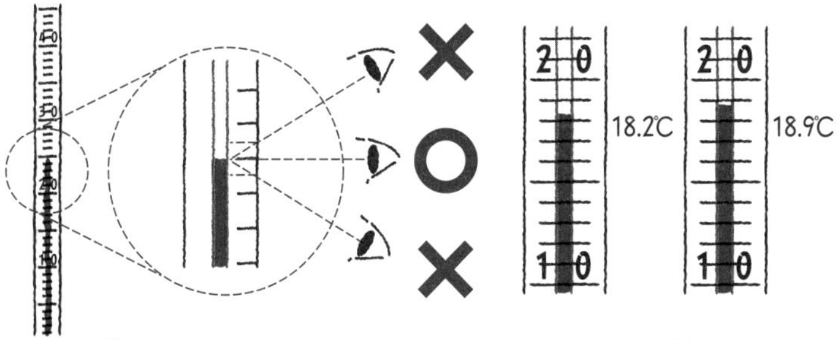

斜めから見ると、ガラスの屈折で誤った値を読み取ってしまう

十分の一まで読み取る

ところで、保管している間に液柱の中の液が切れてしまったという経験はありませんか？　その際には100℃に近い湯の中に入れてみましょう。液がつながって、使えるようになります。

温度計には、気温を測る寒暖計や、体温を測る体温計など、身の回りにはさまざまあります。アルコール温度計で測れるのは、だいたい－5°から105℃位までです。ですから、天ぷらを揚げるときの温度（160～170℃）や、北海道の内陸部の最低気温（－40℃以下）などは測ることはできません。そのような実験をするときには、専用の温度計が必要です。

5 体積の測り方

体積を測ることも化学の実験にとって重要です。濃度の測定などに必要不可欠だからです。

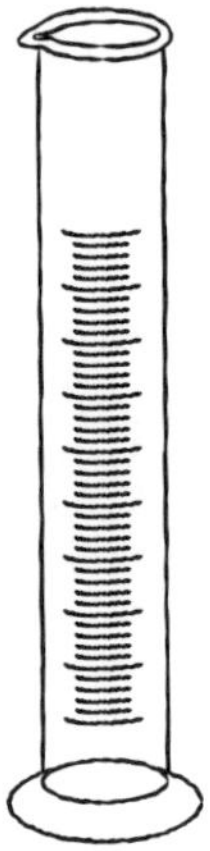

メスシリンダー

中学校や高校で、液体の体積を測るときによく利用されるのが**メスシリンダー**です。「メス」とは「測る」という意味で、メスシリンダーは体積を測る目盛りのあるシリンダー（筒）です。

ちなみに、「メス」の冠詞が付く実験器具には、他にもメスフラスコ、メスピペットがあります。これらにも体積を測る目盛りが付いています。体積測定用の目盛りのあるフラスコやピペットという意味です。

●メスシリンダーの使い方

(1) 水平な所に置かれているかチェックします。傾いた所に置かれていては、正確な測定ができません。

(2) 目盛りを真横から読みます。その際、温度計のときと同様に、目盛りの十分の一の値まで読み取ります。上の図の場合、1目盛りを1 cm^3とすると、76.8cm^3が正解です。

＊決められた体積を測る場合には

化学の実験では、与えられた液体の体積を測ることよりも、決められた体積を測り取る方がよく行われます。例えば、水100cm^{3}を正確に測り取りたい、といった場合です。この際には、次のような手順で行います。

(1) 測り取る量よりもやや少なめの水をメスシリンダーに入れます。

(2) メスシリンダーの目盛りを読みながら、ピペットで少量ずつ、目的の量になるまで水を加えていきます。

＊固体の体積を測る場合には

その固体が水に溶けないときには、下の図のようにして測定します。固体をつり下げて水に入れ、水の体積の増えた分を、その体積とします。この場合、1目盛りを1 cm^{3}とすると、10cm^{3}になります。

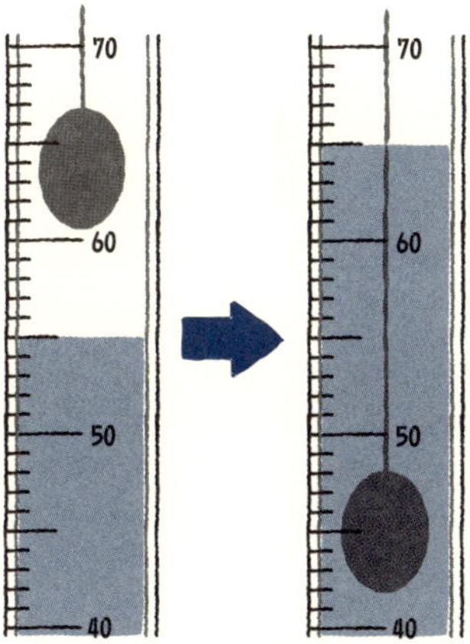

ちなみに、気体の体積の測定は面倒です。気体は圧力や温度の影響で体積を大きく変えるからです。中学校では、気体の体積を測定することはほとんどありません。

6 気体の集め方

化学反応で気体を発生させて、その性質を調べるという実験を覚えていますか？　調べるためには、まずその気体を回収しなければなりませんね。

ここでは、気体の集め方の代表的な方法を紹介します。集めたい気体の性質を利用して、最適な方法を選びます。

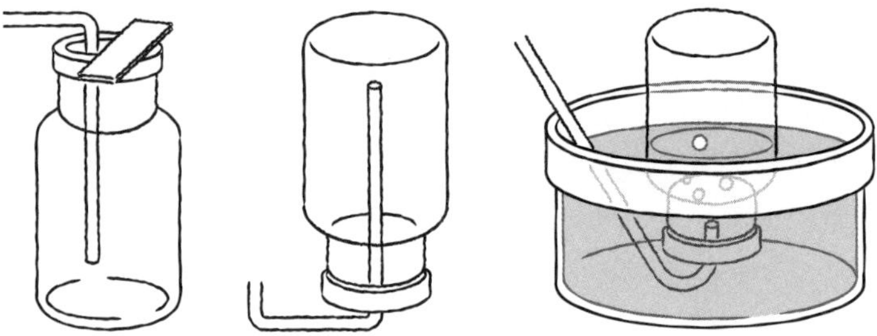

下方置換　上方置換　水上置換

(1) 下方置換

水に溶けやすく、空気より重い気体を集めるときに使います。例えば、二酸化炭素を集める場合などに使います。容器の中の空気を、目的の気体と置き換える方法です。

(2) 上方置換

水に溶けやすく、空気より軽い気体を集めるのに使います。例えば、アンモニアを集める場合などに使います。下方置換と同様に、容器の中の空気を、目的の気体と置き換える方法です。

(3) 水上置換

水に溶けにくい気体を集めるときの基本的な集め方です。容器の中の水を、目的の気体と置き換える方法です。下方置換や上方置換では、集めたい気体が空気と混ざってしまうという欠点がありますが、この方法はその欠点がありません。

また、水上置換は、気体が回収できたことを視覚的に確認できます。酸素、水素などを集めるのに使います。

●気体を集める場合に注意すること

最初に出てきた気体を集めてはいけません。フラスコや試験管内の空気が初めに出てくるからです。気体が発生し始めてから少し時間がたってから気体を集めます。

さらに、水上置換の場合には、気体発生を終了させる際にも注意が必要です。加熱している場合、まず水中からガラス管を出して、それから加熱を中止します。そうしないと、水がガラス管を逆流し、実験機器が破損してしまう危険があります。

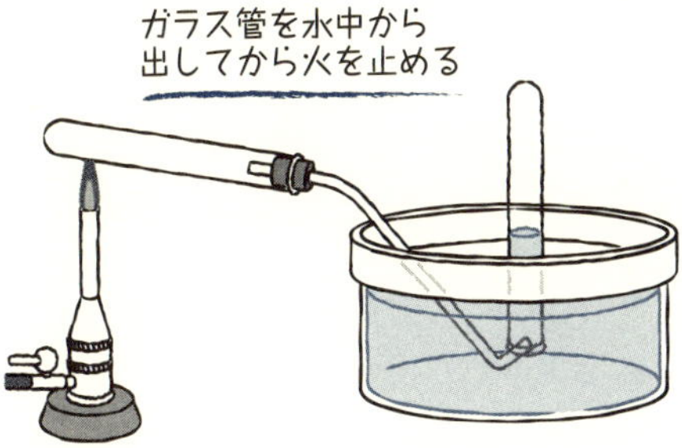

7 火の扱い方

実験では、火の扱いには特に注意が必要です。やけどしたり、爆発させたりする危険があるからです。

化学の加熱の実験では、通常、**ガスバーナー**を利用します。それぞれの部分は、右の図のような名称となっています。空気調節ねじを緩めると空気が、ガス調節ねじを緩めるとガスが、バーナーに取り込まれます。

また、コックはガスバーナーにガスを送るための栓の働きをします。このコックを開き、調節ねじを回して、炎の中に青い三角形ができるよう、ガスと空気を調整します。

さて、ガスバーナーを利用する際にも正しい「作法」がありましたが、覚えていますか？　次の問題は、ある私立中学の入試問題です。チャレンジしてみましょう。

（問）ガスバーナーの火を消すときの正しい手順を、次の中から選び、順番に並べよ。

a 空気調節ねじを右に回す。

b ガス調節ねじを押さえて空気調節ねじを右に回し、しめる。

c ガス調節ねじを右に回し、しめる。

d 空気調節ねじを押さえてガス調節ねじを右に回し、しめる。

e 元せんをしめる。

（正解） b→c→e

ガスバーナーの火を消すには、まず空気調節ねじをしめて空気を絞り、ガス調節ねじをしめて火を消します。そして最後に元せんをしめます（コックがある場合には、元せんより先にしめます）。こうすることで、次に火をつける際の危険がなくなります。火をつける場合は、火を消すときの逆の手順で行います。

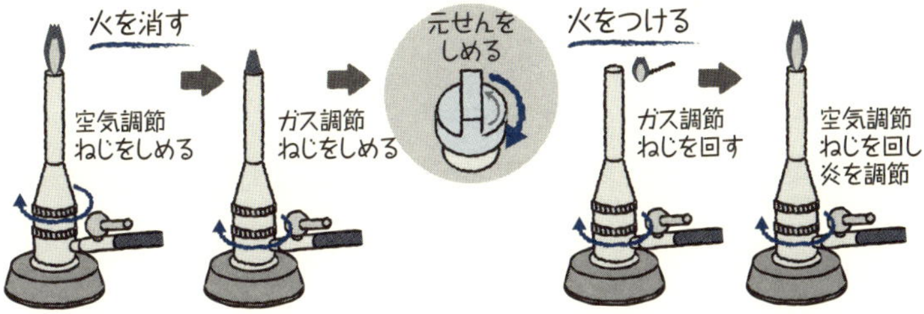

ガスバーナーへはマッチで点火しますが、最近の中学生はマッチで火をつけることも知らないようです。そこで、マッチの点火法も確認しておきましょう。

マッチ箱からマッチを取り出したら、火薬の付いている穂先を手前にして箱をしめ、手前から奥に向かってマッチを擦ります。そうすることで、万一、穂先に異常があっても、やけどする危険がありません。

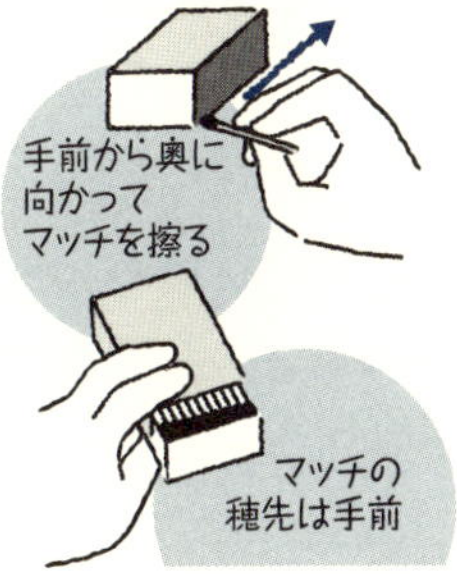

8 加熱の仕方

化学反応を起こさせるために加熱することがあります。その加熱の方法について紹介します。加熱は火の操作以上に危険を伴うので、基本をしっかり押さえておきましょう。

●試験管を使った加熱の基本

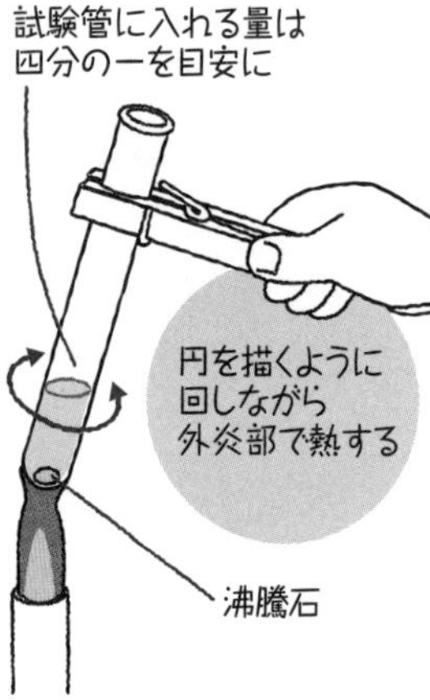
試験管に入れる量は
四分の一を目安に
円を描くように
回しながら
外炎部で熱する
沸騰石

試験管に入った液体を加熱する場合、炎は外側が熱いので、熱する際には外炎部に容器をあてます。また、均一に熱することができるように、円を描くように回しながら加熱します。

万一、薬品が飛び出しても大丈夫なように、試験管の口は人に向けないようにしましょう。

さて、上の図では**沸騰石**という石が試験管に入れられています。何のために入っているのでしょうか?

化学実験の加熱で一番の事故原因の一つは**突沸**です。突沸とは、急に沸騰して噴きこぼれたり、爆発的に液が飛び散ったりすることです。これを避けるために入れておくのが沸騰石です。上の図のように、加熱する容器の中に、数片入れておきましょう。

●ビーカーやフラスコを使った加熱の基本

ビーカーやフラスコの場合、これらは試験管のように動かせるものではないので、逆にしっかり固定することが大切です。特に丸底フラスコは、転倒して液がこぼれたり破損したりする危険があるので、スタンドでしっかりと固定します。

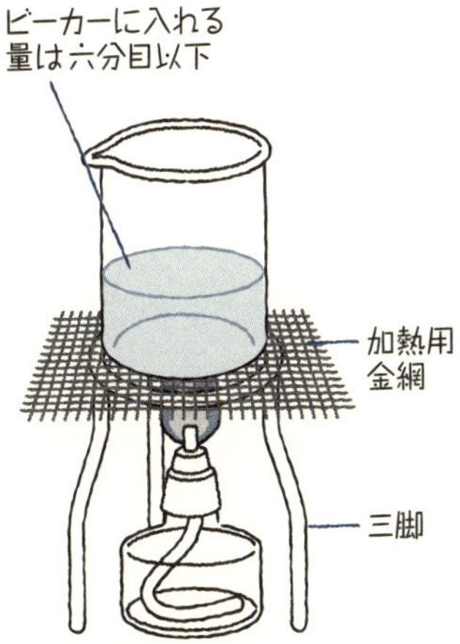

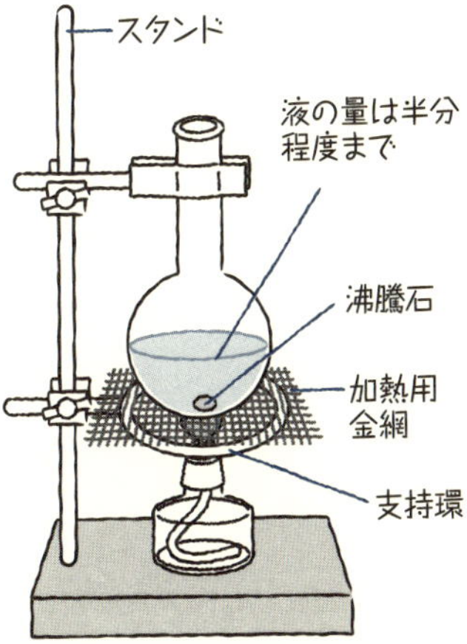

容器の外側がぬれていると、それが原因でガラスが割れることがあります。火にかける前には、外側の水滴はよく拭き取っておきましょう。また、噴きこぼれたりする危険を避けるために、入れる液体の量は半分から六分目くらいにとどめます。

入れた薬品や加熱した化学反応によって、有毒のガスが出ることもあります。加熱は、十分に換気をしながら行いましょう。

9 ろうとの使い方

化学では、不純物を取り除き、混ざりけのない純粋な物質を取り出すという手順も重要です。そうすることで、その物質特有の性質を調べることができるからです。ここでは、液体から不純物を取り除くための最も基本的な方法の**ろ過**を紹介します。

●ろ過の方法

中学の実験で行われる「ろ過」は、ろ紙を利用して不純物を取り除く操作です。ろ紙の細かい繊維が不純物を漉《こ》し取ってくれるのです。コーヒーのフィルターと同じ原理です。

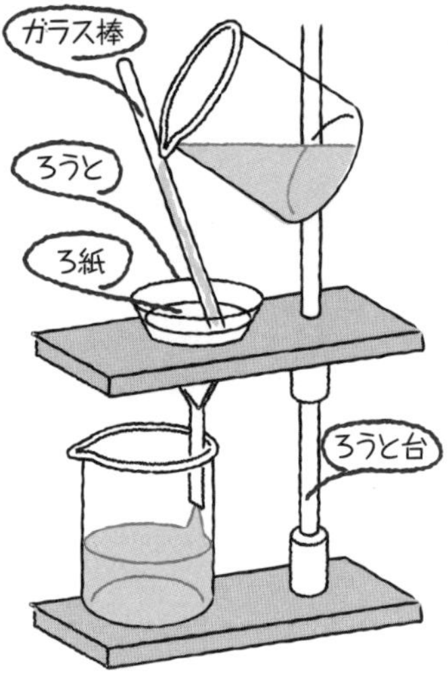

(1) ろ紙をろうとにセットします。

(2) セットしたろ紙を、水溶液ならば水で、他の液体ならばその液体で湿らせます。そうすることで、ろ紙がピッタリとろうとに収まり、ろ過のむらを抑えます。

(3) ガラス棒を添えて、ろ過する液体を少しずつ流します。

＊ろ紙の使い方

ろ紙は、通常円形をした白い特殊な紙ですが、セットする場合には四つ折りにして広げて使います。

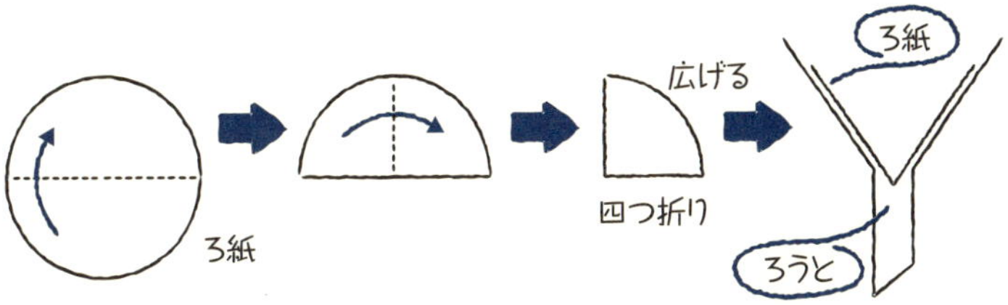

さて、このろ過の問題は、よく高校入試に出題されます。次の問題にチャレンジしてみてください。

（問）水酸化カルシウムで白くにごった液をろ過する方法として正しい操作は次のA～Dのどれか。

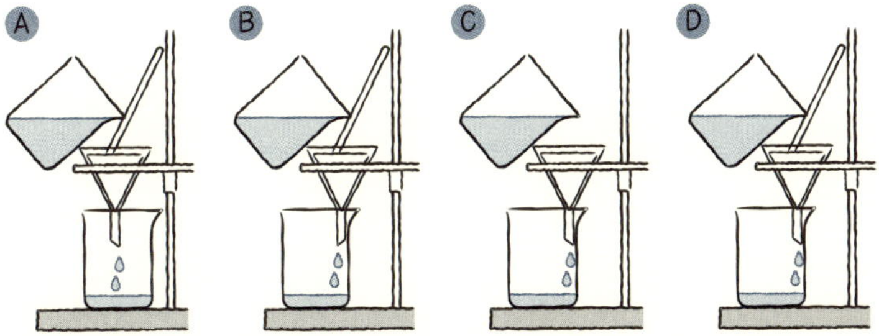

（正解）D

ろ過の方法の図と比べてみればわかりますね。ガラス棒を介し、液がビーカーに沿って静かに流れるように操作します。

10 酸性・アルカリ性・中性の区別の仕方

化学的性質で最も重要な性質の一つが**酸性・アルカリ性・中性**という、水溶液の持つ3つの性質です。これらの性質がどうして生まれるかは後の章で説明しますので、ここでは、これらの区別の仕方を覚えましょう。

酸性・アルカリ性の区別を行うには、**リトマス紙**を利用するのが基本です。リトマス紙には青と赤の2種類があります。酸性の水溶液は青のリトマス紙を赤に変え、アルカリ性の水溶液は赤のリトマス紙を青に変えます。中性の水溶液のときには、色は変化しません。

リトマス紙を扱う際には、ピンセットなどで挟んで持ちます。直接指で触れると、手に付着していた成分がリトマス紙を変色させる恐れがあるからです。また、リトマス紙は、直接液に入れてはいけません。ガラス棒に液を付け、それをリトマス紙に触れさせます。

リトマス紙以外にも、酸性・アルカリ性という性質を区別できるものはいろいろあります。有名なものとしては、**ＢＴＢ液**があります。BTB液は、酸性で黄色に、中性で緑色に、アルカリ性で青色になります。また、**フェノールフタレイン液**も有名です。フェノールフタレイン液はアルカリ性の場合に赤色になります。ただし、あまり強いアルカリ性だと無色に戻ってしまいます。

身近なところにも、酸性とアルカリ性を区別する試薬があります。紫キャベツから抽出した水溶液です。紫キャベツに含まれる色素は、酸性・アルカリ性でいろいろな色に変化します。強い酸性では赤、弱酸性でピンク、中性で紫、弱アルカリ性で青、強アルカリ性で緑、もっと強いアルカリ性では黄色に変わります。

「キャベツから試薬ができるのだ！」と感動するかもしれませんが、リトマス紙の「リトマス」も、実は生物の名なのです。これは、リトマスゴケというコケの色素をアルコールに溶かしたものから作ります。この色素の液を塩酸に入れて赤くしたものを紙にしみ込ませたのが赤色のリトマス紙、アンモニア水に入れて青くしたものをしみ込ませたのが青色リトマス紙です。

ここで、リトマス紙の色の変色の覚え方を紹介しておきます。まずは「梅干」。梅はすっぱいから「酸」です。梅の実は元は青で、それが赤の梅干になります。つまり、「酸性」は「青を赤に変色させる」、というわけです。

その他にも覚え方として、「お母さん、顔ある」というのがあります。お母さんは「お」「か」「さん」と分解し、あ「お」、あ「か」、「さん」、すなわち「青を赤に変える酸」の意になります。顔あるは「か」「お」「ある」と分解して、あ「か」、あ「お」、「ある」、すなわち「赤を青に変えるアルカリ」の意になります。

11 物質の見分け方の基本

実験の章の最後に、実験による物質の見分け方をまとめておきます。化学では、与えられた物質が何なのかを見分けることは、とても大切なことです。

まず、形状から**固体・液体・気体**のどの状態に分類されるかが重要です。次の表は、中学校の理科で扱う代表的な物質名の状態です。

固体	水酸化ナトリウム、砂糖、炭酸水素ナトリウム、炭酸ナトリウム、鉄、亜鉛、銅
気体	水素、酸素、窒素、塩化水素、アンモニア、二酸化炭素
液体	水、上記物質の水溶液（塩酸、アンモニア水）、エタノール（エチルアルコール）、硫酸、硝酸

（注）常温・常圧の状態です。

固体を区別するには、色や形状を覚えておく必要があります。鉄、亜鉛、銅には独特の金属光沢があるので、すぐに区別がつきます。炭酸水素ナトリウムと炭酸ナトリウムは、通常、白い粉末なので、区別がつきにくい物質です。水酸化ナトリウムは白い半透明の固体で、他とは区別がつきやすいでしょう。

気体を区別するためには、まずにおいを覚えておくことが大切です。塩化水素やアンモニアは独特の刺激臭があります。

液体の区別のためにも、まずにおいが重要になります。塩酸やアンモニアの水溶液は、原料となる気体の塩化水素やアンモニアと同じにおいがします。

また、リトマス試験紙などを利用して、**酸性・アルカリ性・中性**を判別することも重要です。水酸化ナトリウムや炭酸ナトリウム、アンモニアの各水溶液はアルカリ性で、二酸化炭素の水溶液や塩酸、硫酸は酸性です。エタノールは中性です。

沸点・融点を測ることも有効な方法です（第 4 章）。例えば、右のグラフは水の融点と沸点を実験で測定した結果ですが、凍り始める温度と沸騰する温度にその特徴が現れています。

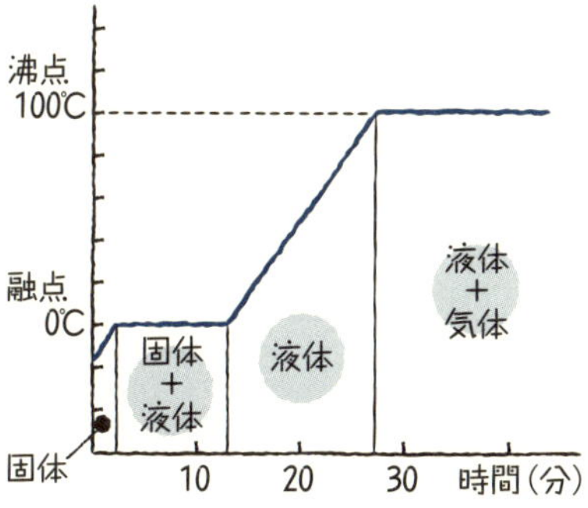

体積の測れる固体を識別する場合には、その**密度**を測ることも有効な手順です（第 4 章）。密度は純粋な物質では固有の量だからです。亜鉛、鉄、銅の 3 つがあった場合には、この順に密度が大きくなります。

物質の区別には、ガスバーナーで試料の一部を燃やし、色を見るのもよいでしょう。原子独特の色を放つので、どんな原子が含まれているかがわかります。

（注）水溶液の判別方法については、第 5 章§3で詳しく説明します。

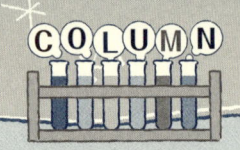

フラスコ、ビーカー、ピペットの語源

フラスコは、もとは、ビンを表すラテン語のフラスカ（flasca）が語源です。ここから、スペイン語・ポルトガル語で、フラスコ（frasco）に変化しました。日本でもフラスコの名称が使われているのは、この言葉を伝えたのが戦国時代に来日した宣教師だったからだそうです。16世紀後半～17世紀前半に、日本へ宣教と交易にやってきたスペイン人やポルトガル人が、フラスコも持ってきたとされています。

フラスコと同様によく利用される実験器具の一つにビーカーがありますが、これは英語でbeaker。英語の「くちばし」を意味する「beak」に通じるとされています。くちばし状の注ぎ口のついたビンという意味で、ビーカーと呼ばれたようです。

最後に、ピペットは、英語のpipette（またはpipet）です。これは、pipeに縮小の接尾語がついた言葉ですので、直訳すると「小さいパイプ、小管」の意味になります。

化学の実験器具の名は、国際色を豊かに反映しています。

第2章……物質の仕組み

1 物質って何?

身の回りを見渡すと、いろいろな物があります。木でできた家具、ガラスのコップ、プラスチックの容器、そして金属で作られた自動車、など数えきれません。これらの物が私たちの生活を豊かにしてくれています。さて、それらの多くは割れたり壊れたりしてしまうと、元の物ではなくなります。ガラスのコップが割れてしまえば、もうコップではありません。

しかし、ガラスのコップが割れても、ガラスはガラスです。このように、物を作る材料で、壊れても性質の変わらないものを、化学の世界では**物質**と呼びます。化学はその物質の性質を研究する学問です。

古来、その物質がどのように作られているのか、不思議に思われてきました。そして現代、物質の構造がようやく理解されてきました。その概要を見てみましょう。

水道から出る１滴の水を例に説明します。水は、どんどん細かくしていくと、**分子**という物質の基本単位で構成されていることがわかります。水分子がたくさん集まって１滴の水になっているのです。

さて、その水分子をさらに細かくしてみましょう。すると、水は「水素」と「酸素」という２種類の粒からできていることがわかります。この粒を**原子**といいます。

20世紀に私たちの知的好奇心はさらに進み、原子をさらに細かく調べていくようになりました。すると、原子は**原子核**と**電子**からできていることが発見されました。そして原子核は**陽子**と**中性子**に分解されることもわかったのです。

しかし、まだ先があります。その陽子や中性子をさらに細かくしていくと、**クォーク**と呼ばれる粒子に突き当たるのです。これまでのところ、このクォークよりも細かい粒子は発見されていません。

中学校で扱う化学の世界では、とりあえず原子レベルまでを考えれば十分でしょう。日常社会で出会う物質現象は、ほとんど原子まででで説明できるからです。原子核やクォークが扱われる分野は高いエネルギーが関与し、その現象は日常ではめったに出会うことはありません。

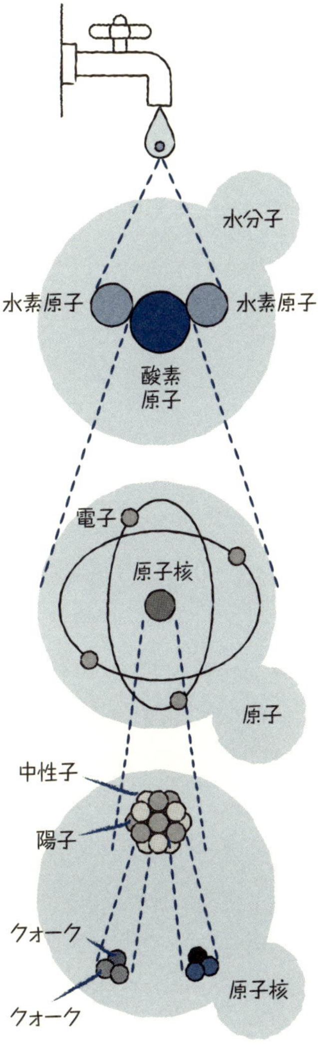

2 物質は原子からできている？ それとも分子？

化学の読み物では、「物質は**分子**からできている」「物質は**原子**からできている」など、異なる表現がされていることがあります。いったいどちらが正しいのか、子どもに尋ねられて困ったという経験はありませんか？

答えは、結論からいうと、「どちらも正しい」です。物質に対する立場によって、結論が異なるのです。

物質の基本粒子は「分子」なのか、あるいは「原子」なのか、水を例として説明していきます。

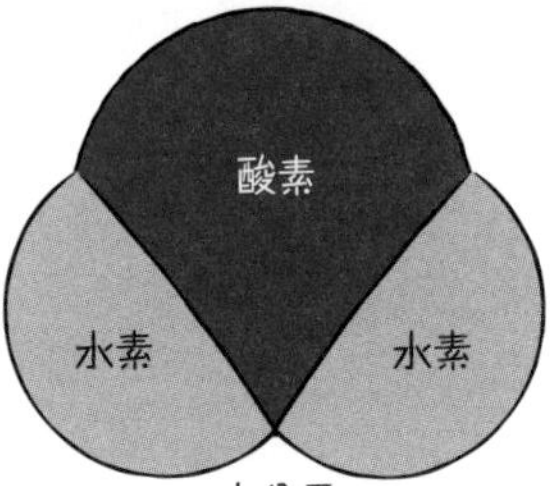

水分子

水は水分子からできています。その水分子は2つの水素原子と、1つの酸素原子が結合してできています。ところで、「水の性質」を決定しているのは水分子でしょうか、それとも水素と酸素の原子でしょうか？ 答えは「水分子」です。

物質は、それを構成する分子によって性質が決まります。アンモニアという物質は、アンモニア分子がその性質を決めているのであり、その元になる窒素と水素が、性質を直接決めているのではありません。二酸化炭素という物質でも、二酸化炭素分子がその性質を決めているのであり、その元になる炭素と酸素が、その性質を直接決めているのではありません。

しかし、化学的な変化を調べる際には、水は「水素と酸素からできている」ことが重要になります。化学変化では、物質の「性質」よりも「変化」の方に関心が向くからです。このときには、水は「原子」からできている、と答えられます。

以上のように、調べる対象によって答えが異なることは、日常の世界ではよくある話です。例えば、小学校低学年の算数では「1 − 2」の答えはありませんが、中学校になると「−1」が正解になります。

ところで、食塩の主成分となる塩化ナトリウムを考えてみましょう。後ほど説明していきますが、これは下の図のようにプラスの電気を帯びたナトリウム原子（Na^+）と、マイナスの電気を帯びた塩素原子（Cl^-）が規則正しく並んだ構造でできています。このような物質については、「水は水分子からできている」というのと同じイメージで語ることはできません。ナトリウム原子と塩素原子の組み合わせを1組だけ取り上げることには意味がないからです。

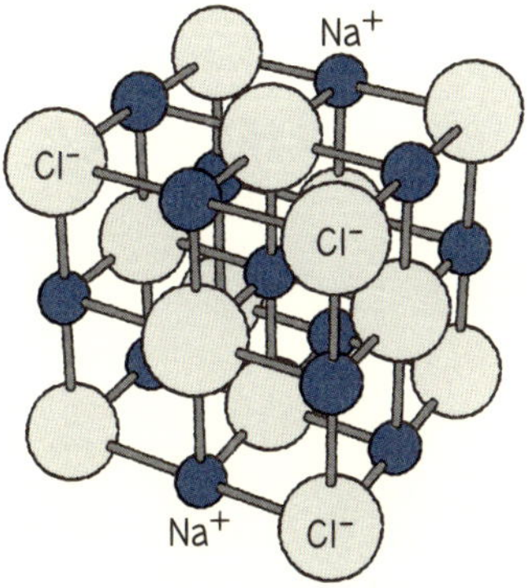

このことから、「物質は分子からできている」と断言することも危険なのです。

3 元素と原子ってどんな関係?

一昔前の中学校の教科書には「元素」という言葉がのっていて、なじみのある方も多いのではないでしょうか？ しかし、現在の中学校の教科書では、その「元素」という言葉は消えており、「元素記号」は「原子の記号」に置き換えられています。

教科書から「元素」という言葉が消えたのは、**元素**と**原子**の区別がわかりにくいことが理由の一つにあります。実際、多くの専門書やインターネット上の文献でも、使い分けされていない場合を見ることもあります。

では元素と原子はどう違うのでしょうか?

原子と元素に対応する英語は明確に異なります。元素はelement、原子はatomです。この英語の語感からもわかるように、**化学的にこれ以上分けられない純粋な物質のもと**を「元素」と呼び、その**実体となる粒**を「原子」と呼びます。例えば、金属である鉄は「鉄」という元素からできていますが、それを具体的に調べると「鉄原子」という粒子が実像として見えてくるのです。

これは色と光の関係に似ています。純粋な色は赤や青などに分けられますが、この純粋な色一つひとつが元素に相当します。その赤や青を調べると、一定の波長を持った光の波が対応していることがわかります。色の実態となる一定波長の光の波が、原子に相当します。

私たちの世界は何千万種類もの物質で構成されていますが、その物質を作っている元になる元素はわずか90種余りにすぎません（人工的なものを含めると100種を超えますが）。また、地球表面付近に存在する元素の割合を重量比で表したものを**クラーク数**といいますが、次の表のように20種程度の元素が99％を占めています。

順位	元素	クラーク数(%)	順位	元素	クラーク数(%)
1	酸素	49.5	11	塩素	0.19
2	ケイ素	25.8	12	マンガン	0.09
3	アルミニウム	7.56	13	リン	0.08
4	鉄	4.70	14	炭素	0.08
5	カルシウム	3.39	15	硫黄	0.06
6	ナトリウム	2.63	16	窒素	0.03
7	カリウム	2.40	17	フッ素	0.03
8	マグネシウム	1.93	18	ルビジウム	0.03
9	水素	0.83	19	バリウム	0.023
10	チタン	0.46	20	ジルコニウム	0.02

元素には**原子番号**と呼ばれる番号がただ一つ与えられています。この番号は原子に含まれる陽子の個数です。これによって各種の元素は周期表と呼ばれる表の上に並べられます。

ちなみに、元素には**質量数**という番号も与えられています。それは元素に対する原子に含まれる陽子と中性子の個数の和です。一つの元素は複数の質量数を持ちます。

4 原子ってどれぐらいの大きさ?

化学において、物質の最小単位は**原子**です。その原子とはどれくらいの大きさを持っているのでしょうか？　また、どれくらい重いのでしょうか?

原子は、**原子核**とそのまわりを回っている**電子**からできています。その原子の大きさは、だいたい1cmの1億分の1です。それをピンポン玉の大きさと比べてみると、その比は地球に対するピンポン玉の大きさの比と同じぐらいです。

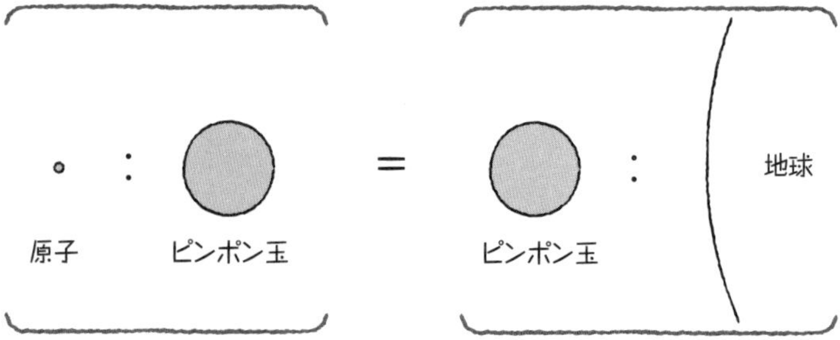

別の例で説明していきます。1 cm^3の金、つまり、角砂糖くらいの大きさの金があるとしましょう。この中に金の原子は何個あると思いますか?

なんと、約60,000,000,000,000,000,000,000個の金原子が含まれているのです。いかに原子が小さいかが、この例からも理解できるでしょう。

ちなみに、金1 cm^3の値段を60万円とすると、金原子1個の値段は約0.000 000 000 000 000 01円ということになります。いくら金が高価とはいえ、金原子１個の値段はほとんど無視できます。金原子１個がなくなっても、動揺することはないでしょう。

＝ 0.000 000 000 000 000 01円

さて、金の大きさを調べたついでに、金原子１個の重さも調べてみましょう。金１cm^3の重さは約20gですが、その中に約60,000,000,000,000,000,000,000個の原子があるので、金原子１個の重さは、

20／60,000,000,000,000,000,000,000g

≒ 0.000 000 000 000 000 000 000 3g

ということになります。金原子１個の値段と同様、とても軽いことがわかります。

原子の重さは**原子量**で表わされます。原子１個の重さは、標準的な炭素（C 12）の重さを12と定義して、この炭素原子との重さの比で表されます。ちなみに、金の原子量は197.0、水素は1.0、酸素は16.0になります。

5 原子を表す記号

ここまで、化学物質は**分子**からでき、その分子は**原子**が組み合わさってできていることを説明してきました。その基本粒子である原子は、自然には90種余り存在しています。人工的に作られたものを含めると130種余りの原子が知られています。

原子にはローマ字の記号が付けられています。例えば水素はH、炭素はC、金はAuという記号で表されます。これらを**元素記号**（または**原子の記号**）といいます。

原子は下記の**周期表**のように整理され、並べられます。縦の列に似た性質の原子が並んでいますが、これを**族**といいます。それに対して横の並びを**周期**といいます。

周期表

周期＼族	1	2	3	4	5	6	7	8	9
1	1 H 水素								
2	3 Li リチウム	4 Be ベリリウム							
3	11 Na ナトリウム	12 Mg マグネシウム							
4	19 K カリウム	20 Ca カルシウム	21 Sc スカンジウム	22 Ti チタン	23 V バナジウム	24 Cr クロム	25 Mn マンガン	26 Fe 鉄	27 Co コバルト
5	37 Rb ルビジウム	38 Sr ストロンチウム	39 Y イットリウム	40 Zr ジルコニウム	41 Nb ニオブ	42 Mo モリブデン	43 Tc テクネチウム	44 Ru ルテニウム	45 Rh ロジウム
6	55 Cs セシウム	56 Ba バリウム	57〜71 ランタノイド	72 Hf ハフニウム	73 Ta タンタル	74 W タングステン	75 Re レニウム	76 Os オスミウム	77 Ir イリジウム
7	87 Fr フランシウム	88 Ra ラジウム	89〜103 アクチノイド	（灰色）非金属元素　（白）金属元素 青字＝常温で気体　黒字＝常温で固体　濃い青字（臭素・水銀）＝常温で液体					

原子の化学的な性質は、その原子が周期表のどこに位置するかで、おおよそが決定されます。そこで、どの位置に原子があるかを覚えることが重要になってきます。その覚え方にはいろいろなものがありますが、最も有名なものが、次の語呂合わせです。このように覚えた経験があるのではないでしょうか？

●水兵リーベ僕の船

水（**H**：水素）**兵**（**He**：ヘリウム）**リーベ**（**Li**：リチウム、**Be**：ベリリウム）**僕**（B：ホウ素、**C**：炭素）**の**（**N**：窒素、**O**：酸素）**船**（**F**：フッ素、**Ne**：ネオン）

各原子が上手に織り込まれていますね。ちなみに、「リーベ」とは「愛する」を意味するドイツ語です。

10	11	12	13	14	15	16	17	18
								2 He ヘリウム
			5 B ホウ素	6 C 炭素	7 N 窒素	8 O 酸素	9 F フッ素	10 Ne ネオン
			13 Al アルミニウム	14 Si ケイ素	15 P リン	16 S 硫黄	17 Cl 塩素	18 Ar アルゴン
28 Ni ニッケル	29 Cu 銅	30 Zn 亜鉛	31 Ga ガリウム	32 Ge ゲルマニウム	33 As ヒ素	34 Se セレン	35 Br 臭素	36 Kr クリプトン
46 Pd パラジウム	47 Ag 銀	48 Cd カドミウム	49 In インジウム	50 Sn スズ	51 Sb アンチモン	52 Te テルル	53 I ヨウ素	54 Xe キセノン
78 Pt 白金	79 Au 金	80 Hg 水銀	81 Tl タリウム	82 Pb 鉛	83 Bi ビスマス	84 Po ポロニウム	85 At アスタチン	86 Rn ラドン

※元素記号の左端にある数字は原子番号

（出典）http://www.kek.jp/kids/class/atom/period.html

6 物質のいろいろな分類方法

ここで、化学的な見地から物質を分類してみましょう。

まず、最も原初的なのは**純粋な物質**と**混合物**という分類でしょう。純粋な物質とは1種の物質から成り立つもので、水素、鉄、水、二酸化炭素などです。混合物とは、これらの純粋な物質が混じり合ってできたものです。純粋な物質とはあくまで理想的な形で、現実には多少の不純物を含んでいます。

物質
- **純粋な物質**（水素、鉄、水、二酸化炭素など）
- **混合物**　（砂糖水、砂、空気など）

次に形態からの分類です。**固体・液体・気体**という3種の分類があります。これを**物質の三態**といいます。例えば、鉄は常温で固体ですが、酸素は気体です。そして水は液体です。

物質
- **固体**　（常温で、鉄、銅）
- **液体**　（常温で、水、エタノール）
- **気体**　（常温で、水素、酸素、窒素）

化学的には、**単体**と**化合物**という分類も重要になってきます。単体とは1種の元素から構成される物質で、水素、酸素、鉄、銅などがこれにあたります。それに対して水は水素と酸素に分けられますが、このように2種以上の元素から構成される物質のことを化合物といいます。

物質 ─┬ **単体**　（水素、酸素、鉄、銅など）
　　　　 └ **化合物**（水、二酸化炭素、酸化鉄など）

この化合物をさらに、**有機化合物**、**無機化合物**と分類することもあります。有機化合物とは炭素を主体とした化合物、無機化合物とはそれ以外の化合物です。生命が作りだすほとんどの物質は有機化合物です（詳細は第3章§13を参照）。

その他にも**金属**と**非金属**の分類などがあります。

いくつもの分類法を紹介してきましたが、分類していく視点によって、いろいろな分類法があるのです。しかし、現実にはその分類に収まらないものも存在します。例えば、合金です。合金は2種の金属原子の混合物ですが、元の金属とは性質が大きく異なるものもあります。そのため、化合物ともとらえられるのです。すると、合金は混合物なのか、純粋な物質なのかが区別しにくくなります。また、超臨界水といって、気体と液体との区別のつかない水があります。これは、高温高圧の環境に置かれた水が持つ性質で、半導体の洗浄などで利用されています。

COLUMN

原子を見る

長い間、原子を見ることは不可能と思われていました。しかし、現代は原子を「見る」ことができるようになっています。もちろん、肉眼で直接見ることはできないので、特別な装置を介してですが。

最初に原子を「見る」ことができたのは、1982年です。走査型トンネル顕微鏡（STM）が発明されたおかげです。

このSTM、原子を見る「眼」は、表面のでこぼこを指で感じ取るのと同じ原理でできています。表面を指でなぞると、指に伝わる圧力の変化で凹凸（おうとつ）がわかるでしょう。それと同様の原理で、鋭く細い針で物質の表面をなぞるのです。すると、その針と物質との間に電流が流れます。これをトンネル電流といいますが、その電流の大小で、表面の変化を感じ取ることができるのです。

21世紀に入った現代では、この顕微鏡をさらに発展させた原子間力顕微鏡（AFM）が開発されています。針と物質の間に生じる微弱な引力の変化で表面の原子配列を読み取る仕組みの顕微鏡です。AFMの開発で、物質表面の原子に関するさらに繊細な画像を確認することができるようになりました。

第3章……中学理科で登場する物質

1 身近で大切な化学物質「水」

人間の生活にとって、切ってもきれない化学物質の一つは**水**でしょう。朝起きてから夜眠るまで、私たちは水のお世話になっています。あまりに身近なため、そのありがたさを忘れてしまうほどです。

水は、常温常圧では無味・無臭・透明な液体で、地球上の海や湖、川に豊富に存在します。1気圧0℃で凍り、それ以下の温度では氷と呼ばれます。100℃になると沸騰し、それ以上の温度では水蒸気と呼ばれます。

あまりにも生活に密着しているため、日常的には水はその状態ごとに、いろいろな表現で呼ばれています。温度が上がるごとに、氷、水、湯、水蒸気と呼ばれていますね。日常的には「冷たい水」とはいいますが、あまり「暖かい水」とは表現しないものです。しかし、それでは面倒なので、化学の世界では、それらを総称して「水」と呼びます。日常的には水が凍れば「氷」といいますが、化学的には「氷となった水」と表現されます。

この水の性質を決定するのが**水分子**です。水分子は酸素原子1つに水素原子2つが結合してできています。少し発展的にいうと、2つの水素が1つの酸素と104.5°の角度で結合しており、これが水分子のさまざまな個性を引き出すのです。

水素分子を模式的に表すと、次の左側の図のようになります。

また、原子の記号で表現すると、右側の図のように、さらに簡単に表現できます。

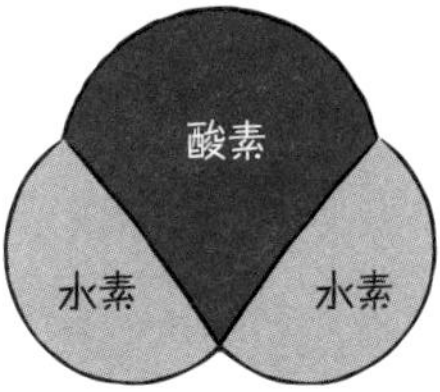

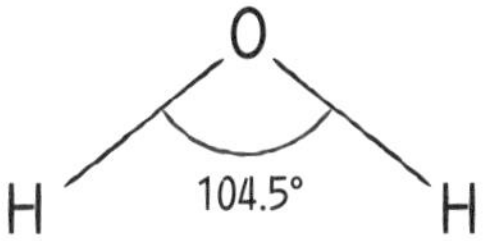

さて、氷の融ける温度（**融点**）は 0℃、水の沸騰する温度（**沸点**）は100℃で、融点、沸点ともにきりのいい数値になっていますが、これには理由があります。一昔前には、水の融点を0℃、沸点が100℃として、それを基準に摂氏温度が決められていました。そして、融点と沸点の間を百等分したものが「1℃」と定義されていたのです。

この摂氏温度の定義のように、かつては水が多くの単位の基準とされていました。例えば、4℃のときの 1 cm^{3}あたりの質量を1gと定義したり、1gの水の温度を1℃上げるのに必要な熱量を1cal（カロリー）と定義したりしてきました。

これらのことからも、いかに水が私たちの生活に密着しているかがわかるでしょう。地球上には水は豊富にありますが、宇宙では液体としての水は、まれな存在です。この水が海となって地球を包んでくれているおかげで、地球は安定した気候を保つことができているのです。

2 環境問題の悪役「二酸化炭素」

近年、環境問題が議論される中、「地球温暖化の原因」として、**二酸化炭素**は常に憎まれ役を演じさせられています。その役名は「温室効果ガス」。

しかし、二酸化炭素は私たちの暮らしの中で、最もなじみのある気体の一つです。アイスクリームやケーキを購入すると保冷剤として付いてくるドライアイスは、二酸化炭素を低温で固めたものです。また、木や石油などを燃やすと必ず発生する気体です。木や石油に含まれている炭素（C）と空気中の酸素（O_2）とが結合し、二酸化炭素（CO_2）が発生します。

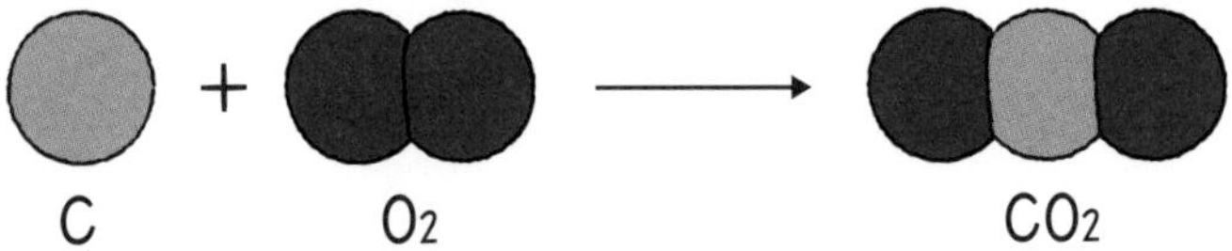

上の図のように、二酸化炭素は２つの酸素の間に炭素が入り、直線上に並んで結合しています。

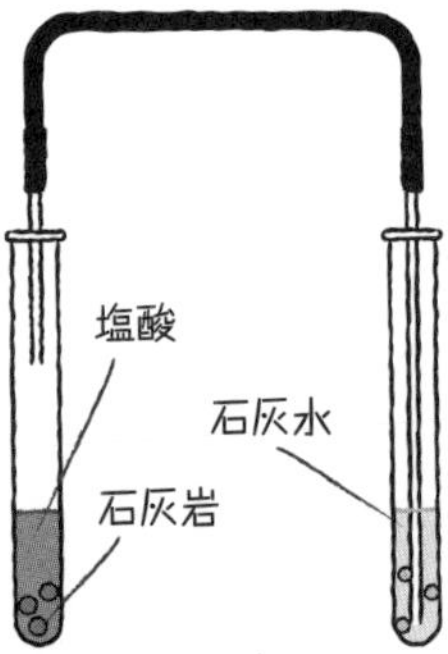

二酸化炭素は、化学的に発生させることもできます。炭酸カルシウムが主成分の石灰岩に塩酸を加えるという方法です。右の図のように、石灰岩に塩酸を加えると、二酸化炭素が発生し、

それを石灰水に通すと石灰水が白く濁ります。

石灰水とは水酸化カルシウムの水溶液のことで、水酸化カルシウムは二酸化炭素と混ざると炭酸カルシウムとなって白く沈殿します。そのために透明な水溶液が白く濁るのです。この現象は二酸化炭素の発生を確認する場合によく利用されるので、覚えておきましょう。

二酸化炭素は空気より重いため、**下方置換**で簡単に容器に集めることができます。また、水に多少溶け、その二酸化炭素の溶けた水は弱い酸性となります。右の図のように、緑色のBTB溶液中に二酸化炭素を通すと、BTB溶液は酸性を示す黄色に変色します。

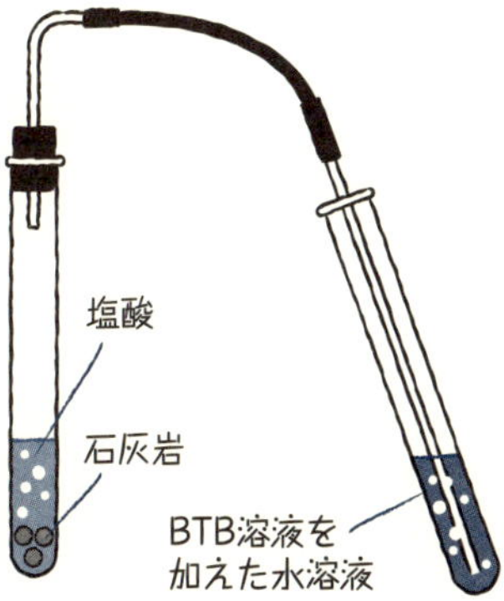

さて、二酸化炭素が温室効果ガスになるのは、その特別な性質によります。二酸化炭素には、地球上の熱を放出する役割を果たしている赤外線を吸収してしまう性質があります。つまり、地球をおおう布団の役割を演じているのです。結果として地球からの熱の放出が少なくなり、地球が暖められることになります。地球温暖化を防ぐには、この二酸化炭素の排出を少なくするしか手はありません。

3 地球で最も軽い気体「水素」

環境問題解決の切り札として、近年、脚光を浴びているのが**水素**です。二酸化炭素とは反対に、「水素社会」などとあれこれと言われて、多方面で注目されています。

一般に「水素」という場合は、水素原子（H）ではなく、**水素分子**（H_2）を表します。常温で無色・無臭で、この地球上で最も軽い気体です。爆発的によく燃えることから、歴史上有名な、飛行船ヒンデンブルク号の爆発炎上事故（1937年）なども引き起こしてきました。

水素は「水の素」と書かれるように、水から作ることができます。例えば、水に水酸化ナトリウムを少し溶かして、それに直流の電流を流すと、一電極（陰極）から水素が発生し、＋電極（陽極）からは酸素が発生します。これを、水の**電気分解**といいますが、次の図のように原子のイメージで理解できるでしょう。

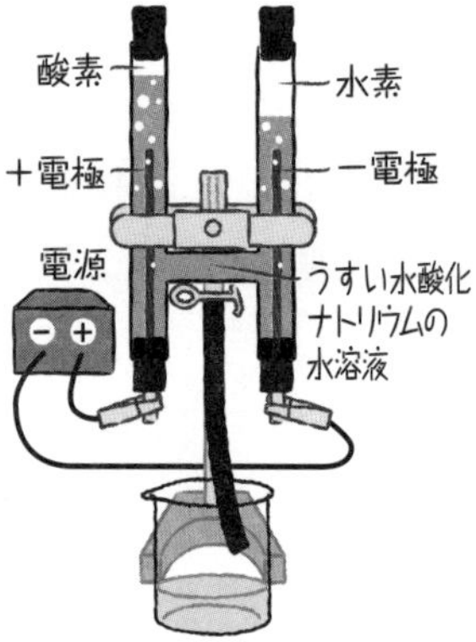

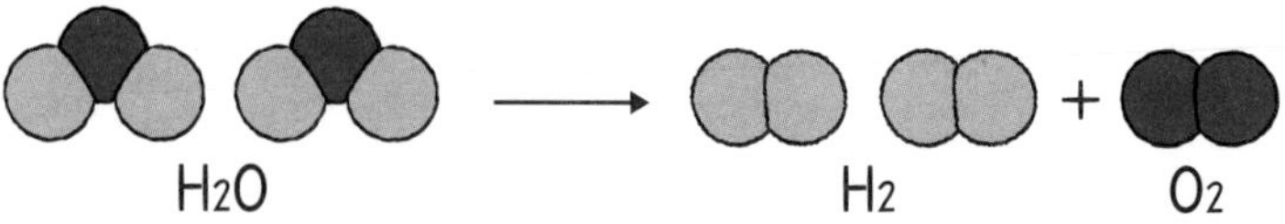

ただし、「水の素」の水素ですが、水にはあまり溶けません。親子の仲は良くないようです。

水素は、亜鉛にうすい塩酸を加えても、発生させられます。水に溶けにくいので、右の図のように、**水上置換**で集めることができます。

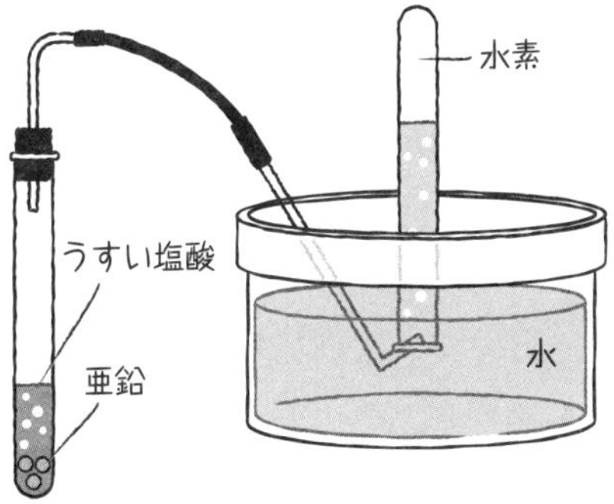

水素は軽いので、集めた試験管を取り出すときには、口を下に向けたままにしておきます。上に向けると、集めた水素はすぐに大気中に飛んで行ってしまいます。

水素が少したまったところで、右の試験管を取り出し、口を下にしたままマッチの火を近付けてみましょう。「ポン」という音をたてて爆発します。このときには、電気分解とは逆の反応が起きています。

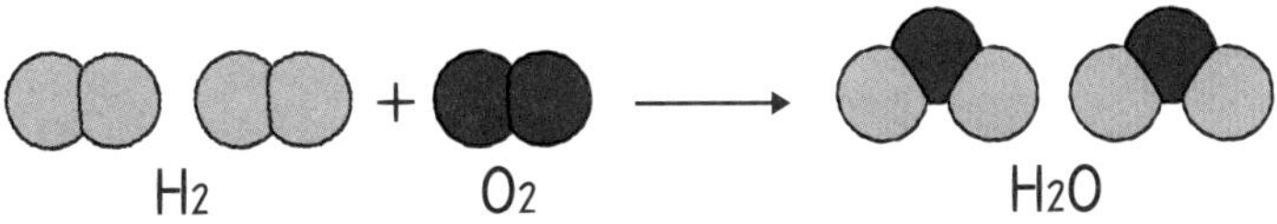

この爆発の反応をゆっくり制御してエネルギーに利用するのがいま話題の**燃料電池**で、これからの活用が期待されています。

4 他を変身させる活動家「酸素」

私たちが生きていくうえで欠かせないのが**酸素**です。酸素は呼吸に不可欠な気体だからです。

水素と同様に、酸素という場合、酸素原子（O）ではなく、**酸素分子**（O_2）を表します。常温で無色・無臭、空気よりもやや重い気体です。他の物質を爆発的に燃やす性質があるので、取り扱いには注意が必要です。

水素でも説明しましたが、酸素は水の**電気分解**で作ることができます。水には水素とともに酸素も含まれているのです。

水の電気分解

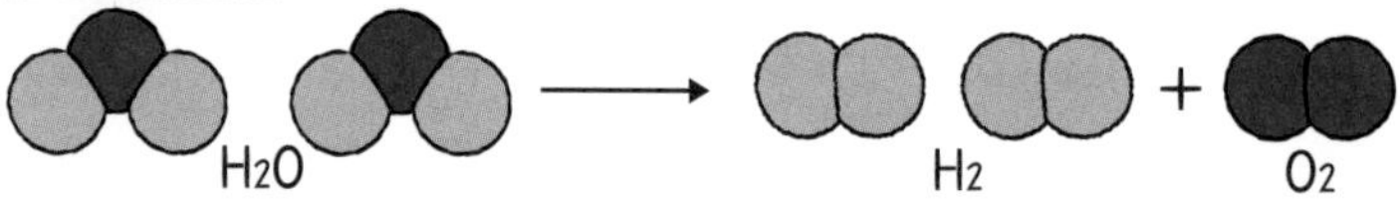

また、「水の素」になる酸素ですが、水にはほとんど溶けません。水素と同様、親子関係が悪いようです。

酸素は、うすい過酸化水素水を二酸化マンガンに触れさせても、発生します。この方法も手軽な酸素の生成法なので、よく利用されます。

ところで、二酸化マンガン自体は反応前後で変化しません。このように、化学反応を促進しますが、自分自身は変化しないものを**触媒**といいます。

最初に述べましたが、酸素は激しい性質を持つ分子です。他

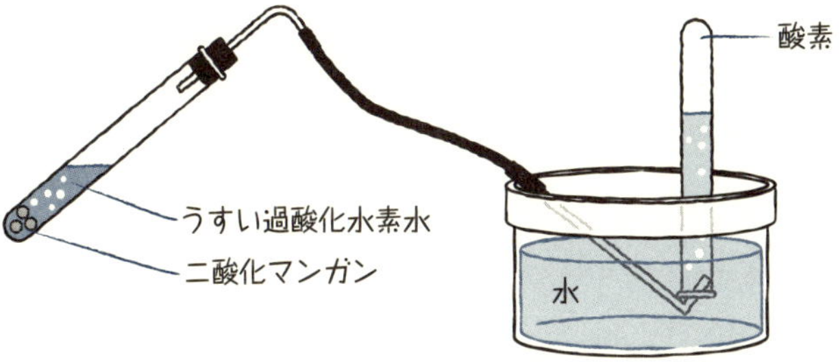

の物質と反応して化合物を作りやすい性質です。酸素と反応した化合物を**酸化物**と呼びますが、地球上には酸化ケイ素（SiO_2)、酸化アルミニウム（Al_2O_3）など、豊富にあります。

ところで、酸素が化合物を作りやすいと聞くと、「地球上から酸素が消えてしまう」と心配になるのではないでしょうか？ ご安心ください。大気中には、ほぼ21%の酸素が、ずっと存在し続けています。

地球の大気から酸素がなくならない秘密は、植物や微生物の光合成にあります。光合成する植物や微生物が酸素を生産し続けてくれているのです。実際、生命が発生する以前の原始大気（地球誕生直後の大気）では、酸素はほとんど存在しませんでした。

近年、酸素は科学の世界よりも、健康の世界で脚光を浴びています。最近、「酸素水」なるものも登場していますが、これは、通常よりも酸素を多く含んだ水の商品です。「疲れや体調不良の解消」「頭がすっきりする」「ダイエットによい」などとされていますが、実際のところ効果の程は、どうなのでしょう？

5 大気の8割を占める気体「窒素」

水素や酸素と同様に、通常、**窒素**というと窒素原子（N）ではなく、**窒素分子**（N_2）を表します。

窒素は大気のほぼ五分の四を占める、最もありふれた気体です。無色・無臭で水に溶けにくく、あまり目立つ気体ではありません。空気よりやや軽い気体で、常温では安定しています。

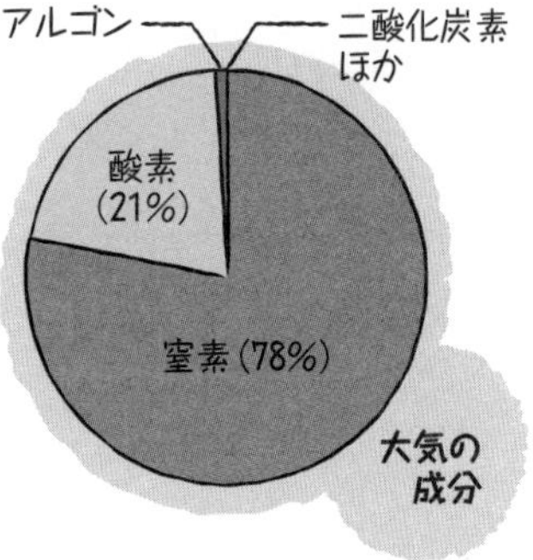

窒素は大気の**分溜**から得ることができます。分溜とは、沸点の差を利用して、混合物から純粋な物質を分離する方法です。大気をどんどん冷やしていくと、まず二酸化炭素が固体になり、次に酸素が液体になります。そして次に窒素が液体になります。これを集めれば、窒素を得られることになります。

さて、窒素は目立たない気体といいましたが、生命活動の観点からすると、実はとても重要な元素なのです。それはタンパク質には不可欠な物質だからです。植物を育てる三大肥料「窒素、リン、カリウム」の一つでもあります。

また、環境問題からも重要な物質です。大気汚染を報じるニュースで、NOxという言葉を聞いたことはありませんか？　NOxはノックスと読みますが、窒素の酸化物のことで、一酸化窒素

(NO)、二酸化窒素（NO_2）など窒素酸化物の総称です。右のグラフは、東京都のNOx排出量の推移ですが、自動車からの排出が工場からの排出の倍以上を占めています。

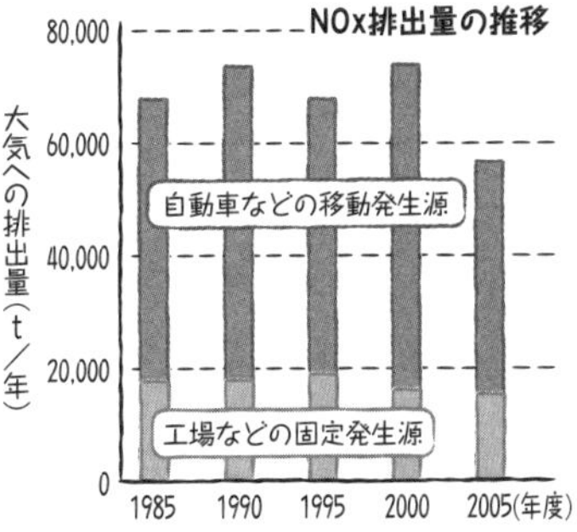

自動車の燃費を良くしようとして二酸化炭素の排出を抑えようとすると、逆にNOxが多く排出されてしまうというジレンマがあります。エンジン内部を高温にして燃焼効率を高めると、窒素酸化物が大量に発生してしまうからです。

さて、では、なぜ窒素というのでしょうか。考えてみれば、不思議な名称です。その秘密は、窒素の発見の歴史に隠されています。窒素は18世紀後半に発見されましたが、その発見された気体の中に生物を入れたところ、その生物が窒息して死んでしまいました。そこで、「窒息させる気体」ということで窒素と命名されたのです。

大気汚染や「窒息」など、あまりイメージが良くない話を続けてきましたが、私たちは意外なところで窒素を活用して役立てているのです。その一つに、皮膚にできたイボの治療があります。低温で液体となった窒素、つまり液体窒素をイボに付け、その細胞を殺してしまう治療方法です。この方法、多くの人が恩恵を受けているのではないでしょうか？

6 窒素と水素の化合物「アンモニア」

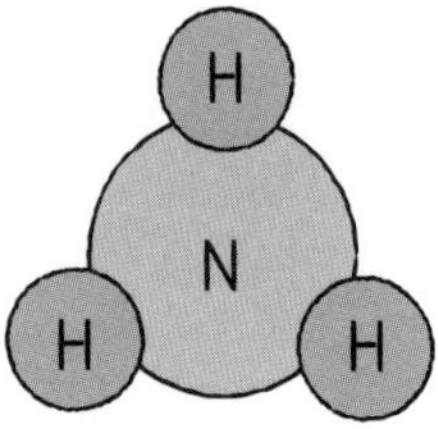

アンモニアは１つの窒素原子に３つの水素原子が結合してできた物質です。化学式はNH_3。常温・常圧では無色の気体で、特有の強い刺激臭があります。

アンモニアを化学的に作るには、塩化アンモニウムの粉末1g、水酸化ナトリウム1gを順に入れ、1gの水を加えます。すると、アンモニアの刺激臭が鼻を突き、アンモニアの発生が確認できます。

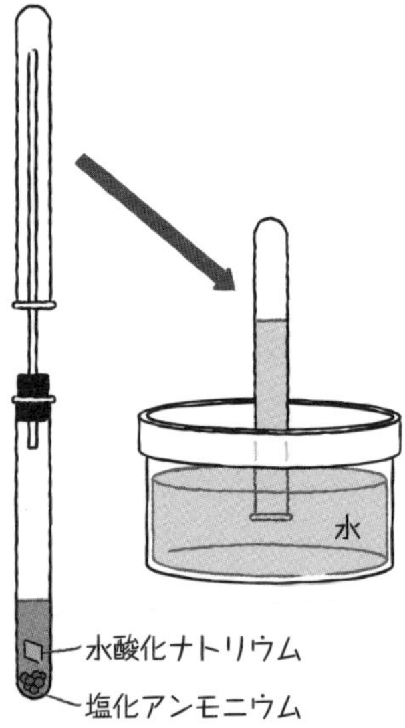

空気より軽い気体なので、上方置換で集めることができます。

さて、アンモニアを集めた試験管を、右の図のように水槽に入れてみましょう。試験管の水位が上がることが確かめられるはずです。アンモニアは水によく溶ける性質があるからで、これは水に溶けた分、試験管内の気圧が下がり、水位が上がったことによるものです。

アンモニアの水溶液はアルカリ性です。そのため、皮膚に触れたときには、かぶれる危険性があるので、よく水洗いする必要があります。

以前は、虫さされにはうすいアンモニア水が効くとされていました。これは、虫の毒成分の酸性をアンモニア水溶液のアルカリ性が中和するから、という理由でした。しかし、近年ではこの方法は勧められていません。

窒素についての説明（§5）で、窒素は三大肥料の一つであると触れました。しかし、植物はその窒素を空気から取り入れることはできないのです。そこで、多くの化学肥料にはアンモニアが利用されています。アンモニアに含まれる窒素を植物に与えるのです。古くから知られている化学肥料に「硫安」がありますが、この「安」の字はアンモニアの「アン」を表しています。

ちなみに、植物はそのままでは利用できない空気中の窒素ですが、人間は取り出して利用することが可能です。20世紀初頭の1913年には、空気中の窒素からアンモニアを工業的に合成することが始まりました。

さて、このアンモニアという名は、どこから来たのでしょうか？　これはエジプトにあるアモン神殿の近くから産出された塩に由来します。その塩は現代的にいえば塩化アンモニウムのことなのですが、その「アモン神殿の塩」から得られる物質ということで、「アンモニア」という名が付けられました。

7 中学理科の金属御三家「鉄・銅・亜鉛」

水素の発生や電池の実験などには、金属が利用されます。中学校理科の実験の中で利用される金属の代表的なものが**鉄・銅・亜鉛**です。

鉄は原子の記号でFeと書かれます。ラテン語で鉄を表すFerrumから付けられた記号です。最も身近な金属で、飲み物の缶や自動車、船、鉄道に利用されています。

後で説明する金属の燃焼実験では、スチールウールがよく利用されます。これは繊維状の鉄ですが、加熱すると空気中の酸素と結び付いて燃焼し、さびた鉄になります。

銅はラテン語でCuprum（英語でCopper）からCuという原子の記号が与えられています。銅は安定した金属なので、塩酸や希硫酸といった酸とは反応しません。この変質されにくい性質から銅は硬貨として利用されています。現在、1円を除く硬貨のすべての主成分が銅です。5円は黄銅、50円と100円硬貨は白銅、500円は洋白と呼ばれる銅の合金です。

また、銅は、後で説明する電池の実験では、その安定さが利用されて陽極に利用されます。

亜鉛はラテン語でZincum（英語でZinc）なので、原子の記号はZn。5円硬貨は銅と亜鉛の合金で、前述したように黄銅といいます。黄銅は真鍮《しんちゅう》とも呼ばれます。また、トタンと呼ばれる鉄のメッキ製品の表面は亜鉛です。さらに、マンガン乾電池の陰極にはこの亜鉛が使われています。

さて、金属にはその特徴として光沢があります。金属光沢といい、鏡のように光を反射します。また、その線や薄板はよく曲がり、よく伸びるという性質もあります。さらに、よく電気を通すという性質もあります。これらは金属原子どうしの結び付きの特性から生まれます。

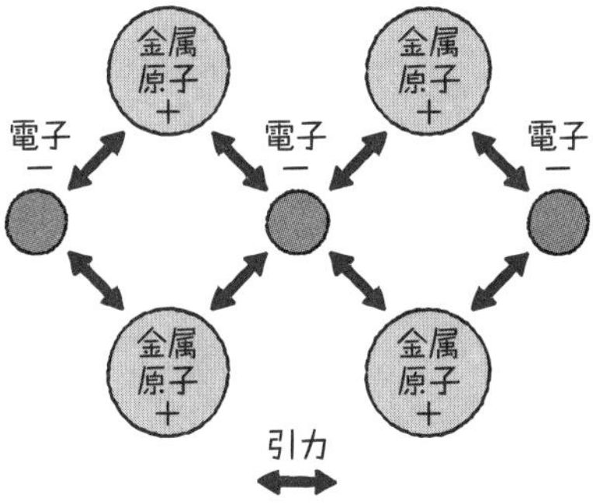

金属の内部では、金属原子が互いに電子を出し合い、電子の海を作っています。その海の中で、自らはプラスの電気を帯びた金属原子がプカプカ浮いているのです。この金属一般の構造が、金属のさまざまな性質の元となっています。例えば、電子の海は光を反射するので、金属光沢が生まれます。また、海の中の電子は自由に動けるので、電気をよく通す性質を作り出します。さらに、金属原子どうしの弱い結び付きが、よく曲がり、よく伸びるという性質を作り出しているのです。

ちなみに、鉄が磁石になるのは鉄原子の特別な性質のためで、金属共通の性質ではありません。

8 反応促進剤となる「二酸化マンガン」

§4で、酸素を作るには、うすい過酸化水素水に二酸化マンガンを加える方法がよく使われると説明しました。それは次のような化学反応で表わされます。

過酸化水素水（$2H_2O_2$）→ 酸素（O_2）＋ 水（$2H_2O$）

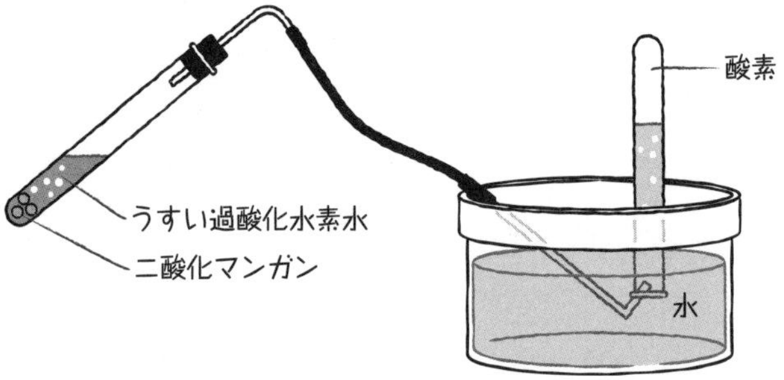

ところで、二酸化マンガンはどんな働きをしているのでしょうか。上の式の中に、二酸化マンガンの姿は見えません。

この二酸化マンガンのように、化学反応の前後で、自分が反応に参加しないように見える物質を**触媒**といいます。ただし、反応に全く関与しないわけではありません。化学反応を促進しているのです。

過酸化水素水は、そのままにしておいても、少しずつ酸素を出します。そして、ただの水に変身します。しかし、それでは酸素を取り出す化学実験には使えません。出る量が少なすぎるからで、このことが重要なのです。

例えば、友人が1万円をくれる場合を考えてみてください。毎日1円ずつ1万日（約30年）払いということでは、人は喜びません。時間がかかりすぎるからです。そこで、調整人が来て毎秒1円ずつ1万秒払いにしてくれたとしましょう。1万秒は約3時間ですから、うれしい話に変ります。この調整人の役割が触媒なのです。

触媒は現代社会では必要不可欠な存在です。中学校の理科からは多少遠ざかりますが、いま話題の触媒の話を紹介します。

触媒として一番有名なのは**白金**（Pt）でしょう。プラチナといった方が、通りが良いかもしれません。身近なところでは、自動車の排気ガス浄化装置の中に利用されています。他の触媒と組み合わせて、排気ガスの中の有害成分を二酸化炭素や窒素に変身させています。また、水素から電気を作るという燃料電池にも、白金は主要な役割を演じています。

白金と同様に、身近な触媒として**酸化チタン**（TiO_2）があります。光が当たると、酸化チタンは付着したものを急速に分解するので、その性質を利用して、空気清浄機に応用されています。付着した空気中の有害物質や細菌を分解してしまうのです。また、酸化チタンでコーティングすることで、汚れが付かない外壁や鏡など、生活の中で幅広く役立てられています。

9 炭酸水素ナトリウムは分解すると「炭酸ナトリウム」

炭酸水素ナトリウムは**重層**とも呼ばれ、中学校理科でよく利用されます。白色の粉で、多少水に溶け、水溶液は弱いアルカリ性となります。

重曹は胃薬の成分としても利用されています。炭酸水素ナトリウムの弱アルカリ性が胃酸を中和する働きがあるからです。

炭酸水素ナトリウムは、物質の熱分解の学習によく利用され、加熱されると、水と二酸化炭素に分解します。次の公立高校の入試問題のように、しばしば試験にも出てきます。

（問）次の図のように、炭酸水素ナトリウムを乾いた試験管Aに入れて加熱し、次の結果を得た。

（1）試験管Bは白く濁った。

（2）試験管Aの口の部分に無色透明の液体が付着した。これを青色の塩化コバルト紙を付けたところ、赤色変色した。

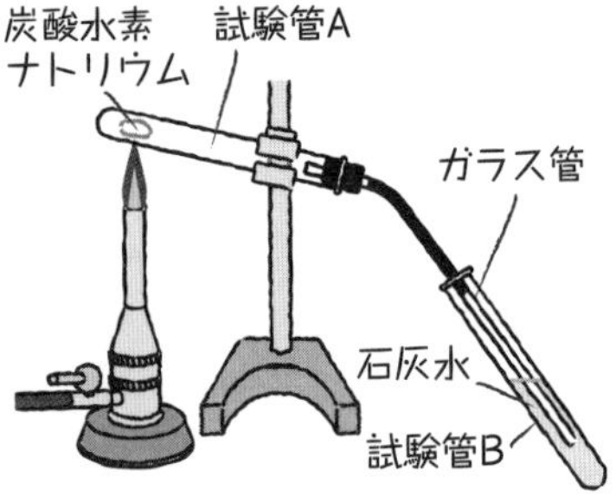

（3）加熱後、試験管Aに残った白い粉を少量とり、水に溶かしたところ、よく溶けた。フェノールフタレイン溶液を加えると、濃い赤色に変わった。

以上の結果をもとに、次の（　）に適当な言葉を入れよ。

実験（1）で、石灰水が白く濁ったことから（①）が発生し、実験（2）で、塩化コバルト紙が赤色に変色したことから（②）ができたと考えられる。実験（3）の結果から、加熱後に残った白い粉は炭酸水素ナトリウムとは別の物質であることがわかり、（③）という物質と考えられる。

（正解）①二酸化炭素（CO_2）　②水（H_2O）
③炭酸ナトリウム（Na_2CO_3）

石灰水を白濁させる代表的な気体は二酸化炭素で、塩化コバルト紙を赤くするのは水です。したがって、①と②には「二酸化炭素」と「水」が入ります。また、炭酸ナトリウムは水によく溶けて強いアルカリ性を示します。したがって③は「炭酸ナトリウム」です。

炭酸水素ナトリウム（$NaHCO_3$）を熱で分解して得られる**炭酸ナトリウム**（Na_2CO_3）は、水によく溶け、水溶液は強いアルカリ性を示します。それに対して、炭酸水素ナトリウムはそれほど水には溶けず、その水溶液は弱いアルカリ性です。炭酸ナトリウムと炭酸水素ナトリウム、名前がまぎらわしいですが、性質は異なります。

ちなみに、炭酸水素ナトリウムはベーキングパウダーの主な成分で、調理の世界でも活躍しています。

10 酸の御三家「塩酸・硫酸・硝酸」

世の中には、酸性を示す物質はいろいろあります。その中で、中学校理科でよく出てくるのは、**塩酸・硫酸・硝酸**です。これらの性質について調べてみましょう。

まず、塩酸。塩酸は**塩化水素**（HCl）の水溶液です。トイレの清掃などにもよく使われますが、塩酸は強い刺激臭がある無色透明の液体です。

強い酸性を示すので、吸い込んだり触れたりすると危険です。§3でも説明しましたが、金属と反応させて、水素を発生させる実験によく使われます。

塩化水素

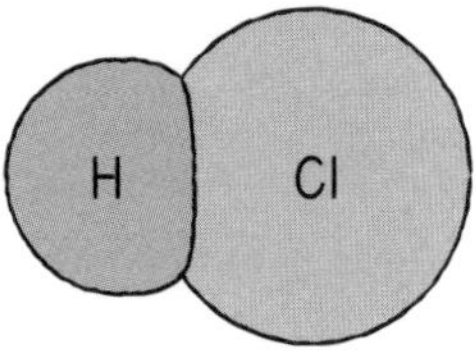

塩酸の原料の塩化水素は、塩素と水素からできています。

次に硫酸（H_2SO_4）。塩酸とは異なり、無色、無臭の液体です。硫黄の酸化物と水素とが結合してできています。塩酸よりも危険性が強いので、塩酸ほど中学校では利用されません。特に、塩酸のような揮発性がないので、うすい硫酸でも時間がたつと濃厚になります。この濃厚な硫酸は、化学的に大変危険な物質なのです！

危険ではありますが、硫酸は塩酸と同様、大切な酸です。また、バリウムと化合して得られる硫酸バリウムは、健康診断でX線の造影剤としておなじみです。

塩酸と同様に、硫酸は金属と反応させて水素を発生させるのにも利用されます。

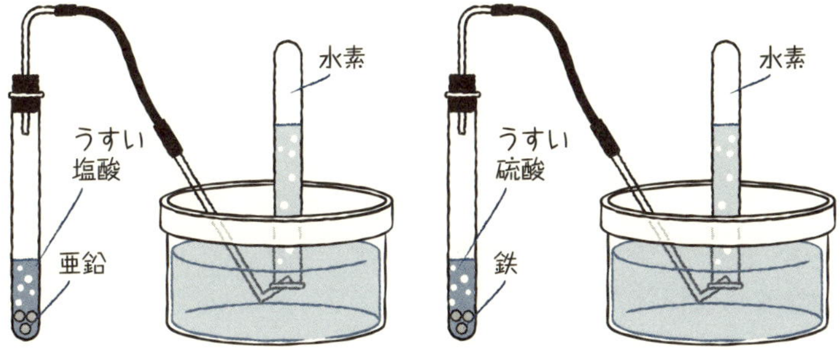

硫酸を水でうすめるときには注意が必要です。水と反応して高熱を出すからです。したがって、水でうすめるには、水に少しずつ硫酸を流し込みます。決して逆に行ってはいけません。発熱して水が沸騰し、飛び散る危険があるからです。

最後に、硝酸（HNO_3）。硝酸も塩酸ほどには中学校の理科実験では利用されません。硫酸同様、扱いが危険な強い酸だからです。

硝酸は窒素の酸化物に水素が結合してできた酸で、無色透明の液体です。塩酸や硫酸は通常、透明なガラスのビンに入れて保管しますが、硝酸は光が通らない色付きのガラスビンに入れて保管します。それは、硝酸は光に当たると分解し、変質してしまうからです。

11 毒にもなる物質「塩素」

塩素は第一次世界大戦時には、毒ガス兵器として用いられました。こう話を始めると、塩素について怖い印象を持たれるかもしれませんが、現代社会ではなくてはならない重要な物質です。

酸素や窒素のときと同様、通常、「塩素」という場合、塩素原子（Cl）ではなく、**塩素分子**（Cl_2）を表します。

塩素は常温で有毒な気体で、独特のにおいを持ちます。水道水が「塩素くさい」と嫌がられるときがありますが、まさにそのにおいです。

漂白や殺菌で用いられるさらし粉に塩酸を注ぐと、塩素が発生します。塩素は空気よりも重いので、発生させたビンにガラスの蓋をしておけば、集めておけます。この塩素をよく見てみると、無色ではなく、やや黄緑色をしています。

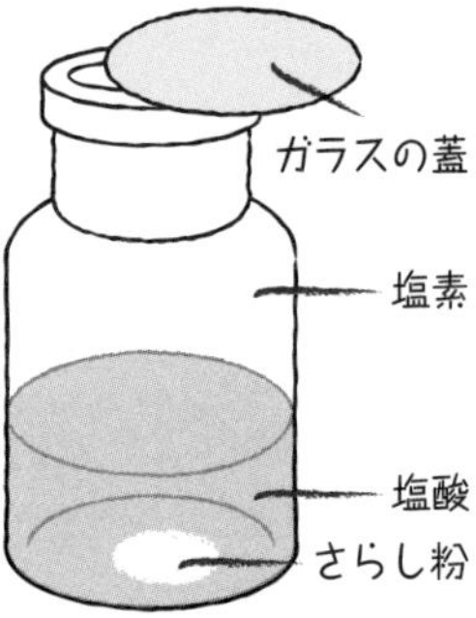

さて、水性ペンで赤く書いた紙を、この気体に触れさせてみましょう。少し時間がたつと、漂白されて色が消えてしまいます。このように、塩素には、色素成分を破壊する**脱色漂白**という性質があります。

この漂白の性質からもわかるように、塩素はとても激しい化学的性質を持ちます。この性質を菌に対して適用して、殺菌剤としても用いられます。水道水にわずかな塩素が含まれているのは、この塩素の性質を利用して殺菌しているからです。

塩素からできる物質としては、まず塩化ナトリウム（NaCl）が挙げられます。私たちが口にする塩の主成分です。また、「塩ビ」という素材名で知られているポリ塩化ビニルのプラスチック類も、身の回りにあふれています。

このように、塩素は私たちの生活には不可欠ですが、環境面では憎まれ役です。塩素を成分とする物質を低温で焼却すると、**ダイオキシン**という猛毒が発生するからです。ダイオキシンは、塩素を含むプラスチックや食品トレイの不完全燃焼によって発生するため、その対策が取られるようになってきました。

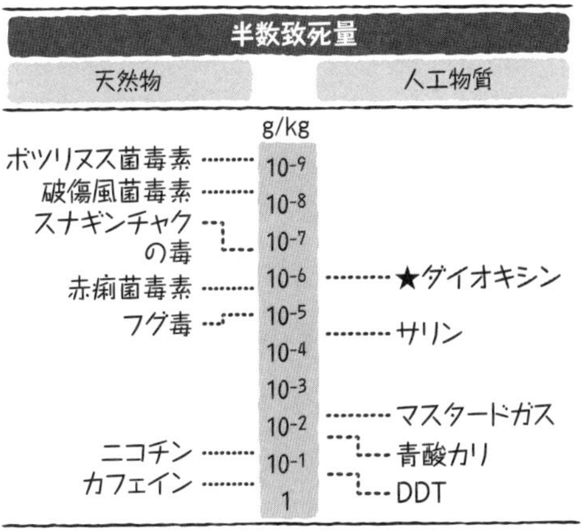

（注）半数致死量とは、ねずみに与えたときに半数が死亡する量のことです。

12 温泉の主役「硫黄」

硫黄は温泉地などでよく見ることができる物質です。温泉の噴き出し口に黄色い物質が固まっていることがありますが、それが硫黄です。

硫黄は常温で固体、原子の記号はSです（英語でsulfur）。硫黄は火薬の原料などにもなりますが、その化合物はさらに重要な役割を果たしています。例えば、私たちの体をつくるタンパク質の大切な成分になっています。また、硫酸の原料となるなど、多くの化学製品の原料にもなる物質です。

かつて硫黄は、硫黄鉱山から産出する貴重な物質でした。ところが現代ではあり余るほどの硫黄が手に入ります。それは、石油や石炭を燃やしたとき、「邪魔者」として手に入るようになったからです。

石油や石炭を燃焼すると、硫黄物質が排出されます。これは代表的な大気汚染物質の一つとなっていました。そこで、発電所や大工場では、その排出ガスから硫黄を取り除く装置（脱硫装置）を設置するようになりました。おかげで、日本の大気は以前に比べて格段に美しくなりました。

この脱硫装置は、重要な副産物も生みだしました。排出ガスから取り除かれた「邪魔者」硫黄です。そのために、硫黄がいろいろな化学製品の原料として安い価格で提供されるようになったのです。

さて、大気汚染に関する硫黄物質とはどんなものでしょうか？　これらは、一酸化硫黄（SO）や二酸化硫黄（SO_2）などで、まとめて、SOx（ソックス）と呼びます。脱硫装置のおかげで、近年、減少してきましたが、§5で説明した窒素酸化物（NOx：ノックス）とともに大気汚染の二大原因物質とされています。例えば、二酸化硫黄は水蒸気に吸われて**亜硫酸**（H_2SO_3）となり、NOxとともに酸性雨の原因となって地上に落下します（二酸化硫黄は亜硫酸を作るために、**亜硫酸ガス**とも呼ばれます）。

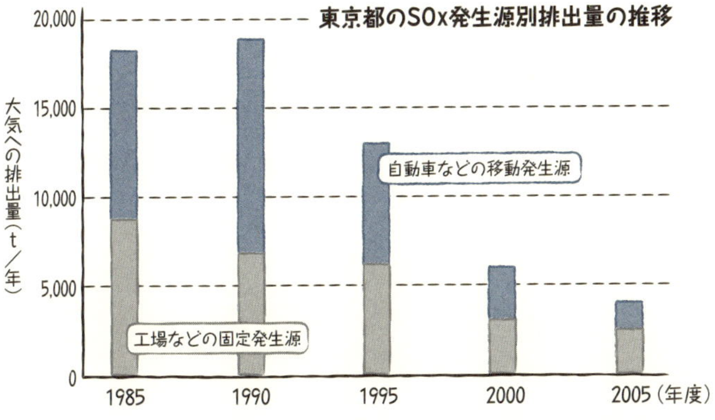

さて、話の最初に戻りますが、硫黄の見られる温泉では、玉子が腐ったような独特の刺激臭が漂っています。それは、硫黄と水素が結び付いてできた**硫化水素**（H_2S）が原因です。ちなみに、銀は硫化水素と反応し、黒ずんでしまいます。温泉には銀製品を持ち込まないように注意しましょう。

13 有機化合物と無機化合物

第2章で説明したように、化合物は、**有機化合物**と**無機化合物**に分類されます。**有機物**と**無機物**とも略されて呼ばれることもあります。

有機化合物とは「炭素の化合物」をいいます。昔は生物しか作ることができなかったので、この名が付けられました。ただ、炭素の化合物といっても、一酸化炭素や二酸化炭素、炭酸ナトリウムのように、単純な炭素の化合物は有機化合物から除外します。無機化合物とは有機化合物以外の化合物です。

有機化合物の例	無機化合物の例
炭水化物（砂糖、ブドウ糖、でんぷん）、タンパク質、繊維（毛糸、綿、絹、ポリエステル繊維、レーヨン）、プラスチック（ポリ塩化ビニル樹脂、ポリエチレン樹脂）	水、塩化ナトリウム、二酸化炭素、塩酸、硫酸、硝酸、炭酸、水酸化ナトリウム、炭酸ナトリウム、炭酸水素ナトリウム、炭酸カルシウム、過酸化水素

（注）（　）内は典型的な物質例です。

有機化合物は私たちの生活に満ちあふれています。例えば、毎日の食事で口に入れるもののほとんどは有機化合物です。米などの炭水化物、肉などのタンパク質は、その代表的存在です。また、衣服も有機化合物です。毛糸や綿、化学繊維は有機化合物です。さらに、燃料、プラスチック容器など有機化合物は私たちの生活を豊かにしてくれています。

有機化合物の例として砂糖を考えてみましょう。完全に燃やすと、酸素と結合して水と二酸化炭素を生成します。ただ、不完全な加熱の場合には、「こげ」として黒く残ります。

この例からわかるように、有機化合物の多くは加熱すると燃焼して、水と二酸化炭素を出し、「こげ」を残すこともあります。

以上のおさらいとして、次の公立高校の入試問題を解いてみましょう。

(問) 粉末X、Y、Zは食塩、砂糖、でんぷんのいずれかである。これらの水の溶け方を調べたところ、XとZは溶けたがYは溶けなかった。また、アルミニウムはくの容器に入れて加熱したところ、XとYはこげたがZには変化が見られなかった。粉末Xと粉末Zはそれぞれ何か。

(正解) X 砂糖　Z 食塩

食塩と砂糖は水に溶けますが、デンプンは水に溶けにくい性質があります。また、加熱すると、有機化合物である砂糖とデンプンはこげますが、無機化合物の食塩（塩化ナトリウム）は変化しません。したがって、Xは砂糖、Zは食塩と判別できます。

COLUMN

原子の名前の由来

窒素とアンモニアについて、その語源について説明してきました。窒素は「窒息の素」、アンモニアは「アモン神殿の塩」が由来でしたね。名前の由来を知ると、18世紀から19世紀の化学者の試行錯誤がしのばれます。他の原子についても、その語源を少し紹介しておきます。

まず、酸素。これは「酸を生み出す素」という意味で命名され、それを直訳したものです。確かに、硫黄や炭素を酸素で燃やすと硫酸や亜硫酸、炭酸ができます。しかし、代表的な酸である塩酸には酸素は含まれていません。命名者のフランス人化学者ラヴォアジエも少々早合点したようです。

水素はまさに「水の素」。これも化学者ラヴォアジエの命名したものを直訳しています。

では、ヘリウム（Helium）はどうでしょう。ヘリウムは、1868年、皆既日食を観察しているときに、太陽光線の分析から発見されました。そこで、「太陽」を表すギリシャ語heriosにちなんで命名されました。

最後に塩素は、日本語では「塩の素」であるという単純な理由からの命名です。化学の本場、ヨーロッパでは、ギリシャ語で黄緑色を表すchlorosが名称として当てられました。それは、塩素が無色透明ではなく黄緑色をした気体だからでしょう。

第4章……物質の状態とその変化

1 化学変化と状態変化の違いは?

化学では**状態変化**と**化学変化**という言葉がよく出てきます。この違いについて、実験を例に考えていきましょう。

まず、水の温度を変える実験です。水は温度を下げると氷になります。そこから逆に温度を上げると、融けて水に戻り、さらには水蒸気と呼ばれる気体に変身します。その水蒸気が冷やされると、再び水に戻ります。この変化の過程で重要なのは、水は状態を変えただけで、別の物質に変化したわけではないことです。このような物質の変化を「状態変化」といいます。

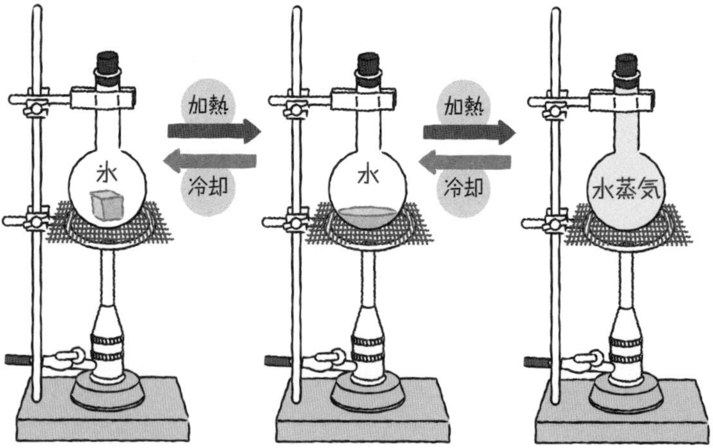

次に、炭酸水素ナトリウムの加熱実験を考えてみましょう。右の図のような実験装置で、試験管に炭酸水素ナトリウムを入れ、加熱します。加熱後、炭酸水素ナトリウムは、全く異なるものに変化します。炭酸ナトリウム、水、二酸化炭素という、全く異なる物質に分解してしまうのです（第3章§9参照)。このように、元と違う物質になる変化を「化学変化」といいます。

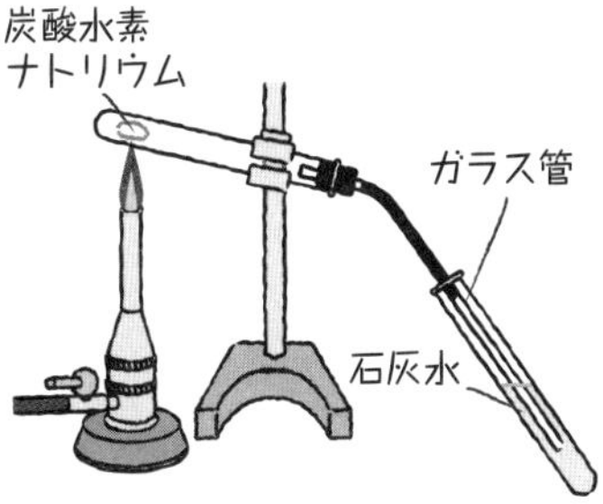

ここで大切なのは、状態変化も化学変化も、原子や分子の動きで統一的に説明できることです。下の左の図では水の「状態変化」を、右の図では水が分解して水素と酸素になる「化学変化」を原子・分子のイメージで説明しています。この2つを比べて、その違いを理解してみましょう。

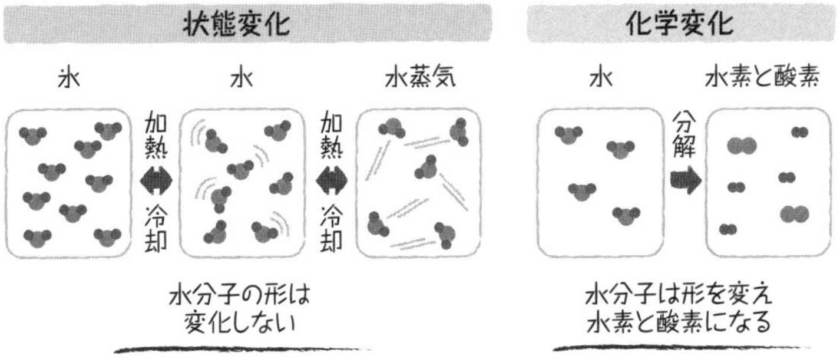

2 物質の三態「固体・液体・気体」

§1 で**状態変化**について説明しました。水は温度を下げると氷になり、逆に温度を上げると、氷が融けて水に戻り、さらには水蒸気に変化する、というような変化でしたね。

さて、この水の例のように、ほとんどの物質は、温度が下がると固まって**固体**となります。それから温度を上げると**液体**になり、さらに温度を上げると**気体**になります。これら、固体・液体・気体をまとめて**物質の三態**といいます。

状態変化を図にすると右の図のようになります。この図で、固体と気体を結ぶ矢印が描かれていることに注意してください。多くの物質は、温度の上昇に伴って、固体→液体→気体という順に変化しますが、固体→気体という物質も中にはあります。このような状態変化を**昇華**といいます。例えば、二酸化炭素の固体（ドライアイス）は、温度が上がると、液体にならず、気体に「昇華」します。

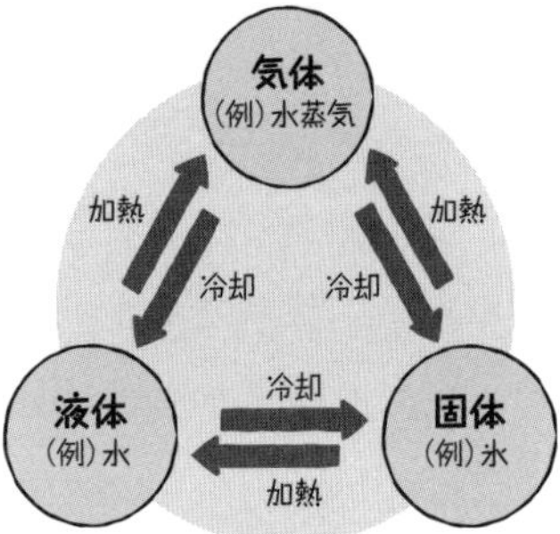

ミクロの立場で物質の状態変化を見てみましょう。それにはまず、温度とは分子の活発さの度合いを示す値であることを確認しておく必要があります。温度が高いと、分子は活発に運動

し、温度が低いと分子は動きが鈍くなってしまいます。この温度と分子の運動の関係が、状態変化を生みだすカギなのです。

温度が高ければ、分子は活発に動くので、あちらこちら自由に飛び回り、所在が定まりません。これが「気体」です。気体は、自由行動ばかりし、連携を保てないのです。

温度を下げていくと、動きが鈍くなり、分子間に働く互いの引力で緩やかに結び付いていきます。これが「液体」です。緩やかな結び付きなので、流動性はあります。

さらに温度を下げると、分子は動きをほとんど止め、分子間の引力でガチッと結び付いてしまいます。こうして「固体」になります。

ここで注意すべきは、状態変化は、すべて温度で説明されるということです。温度を戻せば、元の状態に戻れるのです。

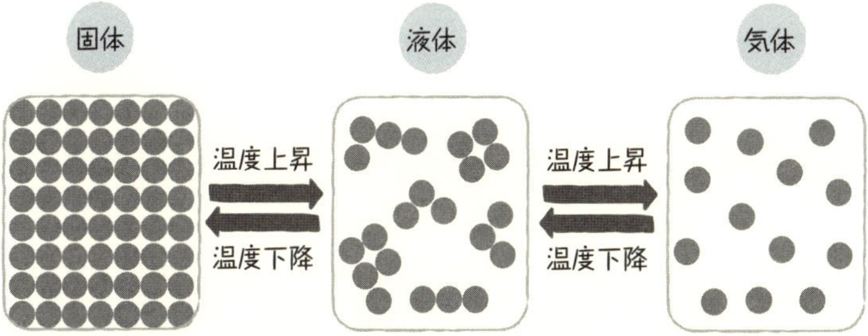

なお、固体から液体に変化する温度を**融点**、液体から気体に変化する温度を**沸点**といいます。これは、たびたび出てくる言葉なので覚えてください。

3 融点と沸点

§2で状態変化がミクロの世界ではどのような変化なのかを説明しました。また、固体から液体に変化する温度を**融点**、液体から気体に変化する温度を**沸点**ということも紹介しました。今度はこの融点と沸点について、詳しく見ていきましょう。

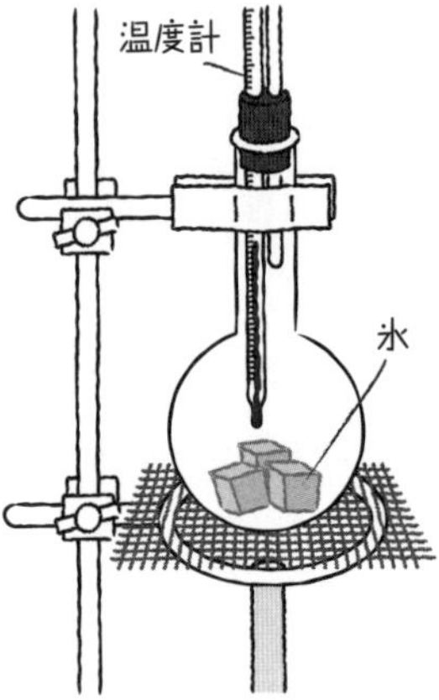

右の図は、水の融点と沸点を調べる実験の模式図です。フラスコに入れた氷を、ガスバーナーでゆっくり加熱します。

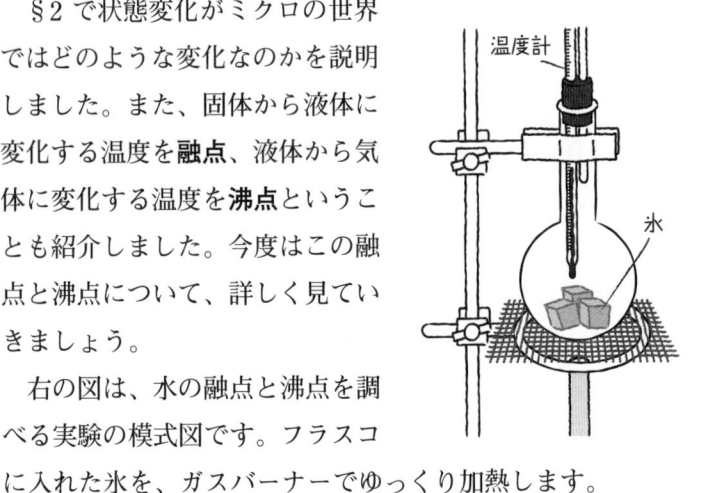

下のグラフは、この実験結果を表したものです。温度変化を模式的にグラフにしています。

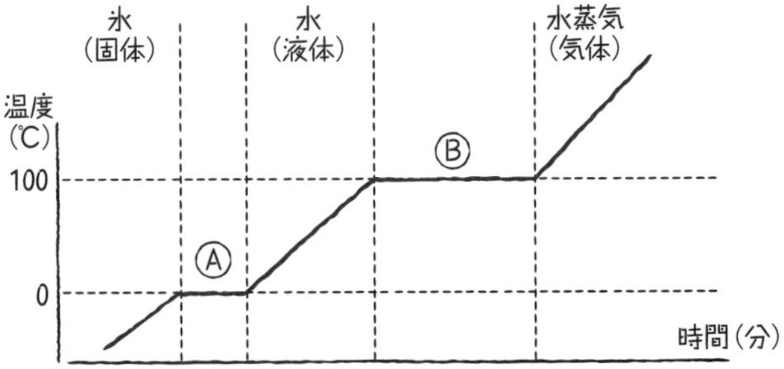

氷から水（Ⓐの箇所）、水から水蒸気（Ⓑの箇所）に変わるとき、温度が一定の状態があります。この温度が、それぞれ、融点と沸点になるわけです。

では、どうして、グラフに平らな部分が現れるのでしょうか？　その秘密はミクロの世界で解明できます。例えば、氷が水に変わる状態Ⓐを調べてみましょう。

Ⓐの状態では、ガスバーナーから与えられたエネルギーは氷を溶かすのに利用されます。氷がなくなるまで、氷を溶かすためにエネルギーが使われるので、水は温度を上げられません。その間は氷と水が共存する状態が続き、温度が０℃に保たれることになります。

水が水蒸気に変わる段階Ⓑも同様です。ガスバーナーから得られる熱は水が水蒸気に変身するためのエネルギーに利用されます。したがって、水がなくなるまで、沸点100℃の温度が保たれるのです。

融点、沸点はそれぞれの物質で特有の値になります。右の表は、いろいろな物質の融点と沸点です。比べてみるとおもしろいですね。

物質名	融点（℃）	沸点（℃）
エタノール	-115	78
水銀	-39	357
水	0	100
アンモニア	-78	-33
塩化水素	-114	-85
塩化ナトリウム	801	1485
ナトリウム	98	883
アルミニウム	660	2520
鉄	1536	2863
酸素	-218	-183
窒素	-210	-196

4 混合物の状態変化と蒸留

融点と沸点は、純粋な物質の場合、その物質特有の値となります。ところで、**混合物**の場合はどうでしょうか？

下の左の図は、水とエタノールが混ざった混合物の沸点を調べるための実験の模式図です。フラスコの中の混合物をガスバーナーでゆっくり加熱します。

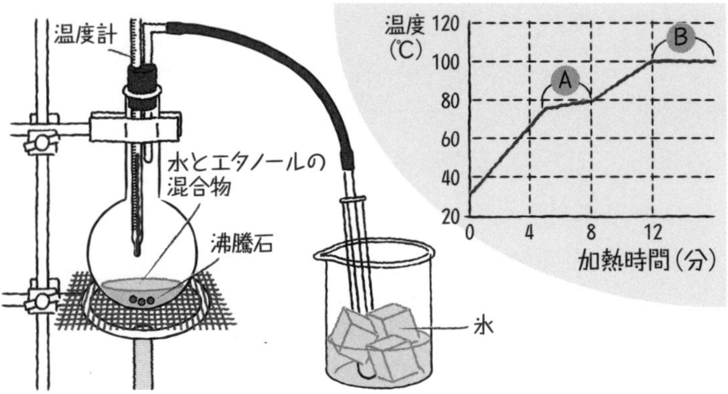

上の右のグラフは、この実験結果を模式的に示したものです。加熱時間を横軸にして、温度変化を縦軸に描いています。純粋なエタノールの沸点は78℃ですが、その付近（グラフのAの箇所）で平らな部分がありません。これは、§３で説明した水の場合と大きく異なります（Bの箇所は水の沸点です）。

このように、混合物の場合、融点や沸点に、はっきりと特徴のある温度というものが現れません。逆に、この特性を利用すれば、対象の物質が純粋な物質なのか混合物なのかを判断することができます。

さて、この実験装置で、Aの状態にあるとき右側の氷水に浸されたビーカーの中の試験管の中には、何がたまると思いますか？　そうです、エタノールがたまるのです。つまり、エタノールの沸点は78℃ですから、水よりも先に沸騰して試験管に逃げていきます。試験管が冷やされているために、エタノールは再び液体に戻ることになります。この方法で、水からエタノールを分離できたのです。

この実験装置の仕組みは、いろいろな混合物の分離に応用できます。つまり、沸点の温度差を利用して、混合物質を分離できるのです。これを**蒸留**といいます。

蒸留が応用されている一番有名なところは、石油精製所でしょう。原油を温め、そして冷やすことで、そこに含まれるいろいろな物質が分離されていきます。

また、蒸留というと蒸留酒を思い浮かべる方も多いでしょう。実際、蒸留酒も上の実験と同じ原理で得られます。原酒を温めて蒸気を作り、この蒸気を集めて液体に戻したのが蒸留酒です。

5 地球環境と水の状態変化の大切な関係

これまでは、一般的に物質の状態変化を見てきました。ところで、現在、問題となっている地球環境について考えるときには、水の状態変化が大切な意味を持ちます。

物質の状態変化とは、温度によって、その姿が変わることです。物質の温度を変えるということは、その物質にエネルギーを与えたり、物質からエネルギーをもらったりすることです。すなわち、状態変化とは、物質とその外部とのエネルギー交換ともとらえられるのです。

状態変化とエネルギー交換

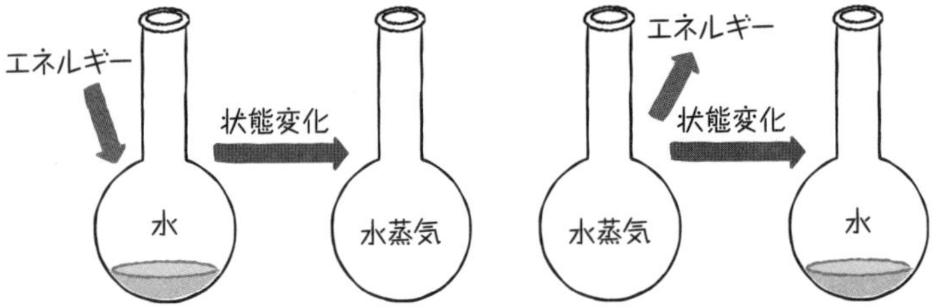

この外部とのエネルギー交換にたいへん優れている物質が水です。水は、太陽のエネルギーをもらって、大気中の水蒸気に変身します。その水蒸気は上空で冷やされて雲になり、雨になります。このように、水は太陽エネルギーを循環させるポンプの役割を果たしています。これを**水の循環**といいます。このシステムがなければ、現在の地球の姿はなかったでしょう。

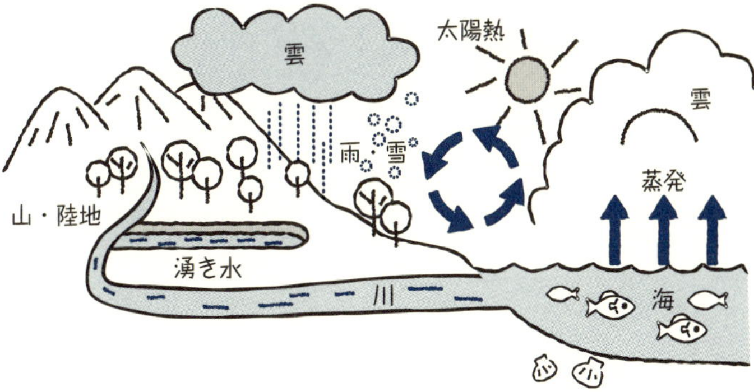

さらに、水は地球の温度変化の緩衝剤にもなっています。気温が高くなれば、南極や北極の氷が融け、その分の熱エネルギーを吸い取ってくれます。気温が低くなれば、海の水が氷になることで、エネルギーを放出してくれます。こうして、水は地球の温度を一定に保つ働きをしてくれているのです。

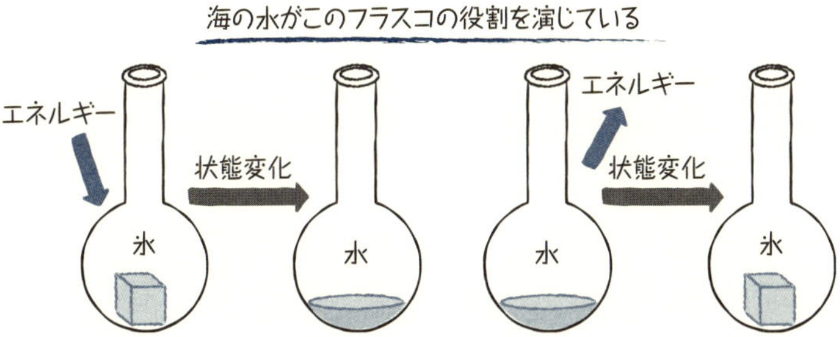

このように、地球環境と水の状態変化は、切っても切れない関係にあるのです。

6 重い・軽いを数値で表す「密度」とは?

日常会話では「鉄は綿よりも重い」という表現がよく使われます。これはどういう意味なのでしょうか？　軽い綿でも、たくさん集めれば鉄よりも重くなるのですから、考えてみれば奇妙な表現です。

「鉄は綿よりも重い」という表現を使うときに、私たちは無意識のうちに「同じ体積ならば」ということを仮定しています。すなわち、私たちが物質の軽重を考えるときには、同じ体積で比べることを前提としているのです。この「同じ体積で」重い・軽いを論じるために生まれた考え方が**密度**です。

密度とは体積1 cm^3あたりの重さ（グラム）です。すなわち、

$$\textbf{物質の密度（g/cm}^3\textbf{）}=\frac{\textbf{物質の質量（g）}}{\textbf{物質の体積（cm}^3\textbf{）}}$$

の式で表せます。この式からわかるように、密度の単位はg/cm^3です（「/」は「割る」という意味で、分数を表します）。

例えば、質量が160 g、体積が20cm^3の物質の密度は

密度＝160（g）÷20（cm^3）＝8（g/cm^3）

となります。

次の表は代表的な物質の、常温の場合での密度をまとめたも

のです。このように、密度は物質ごとに固有の値になります。物質の量が増えようと減ろうと、密度の値は変わりません。

物質名	密度	物質名	密度	物質名	密度
水銀	13.55	金	19.32	亜鉛	7.13
鉄	7.87	白金	21.37	鉛	11.34
銀	10.50	アルミニウム	2.70	ニッケル	8.85
銅	8.96	ダイヤモンド	3.513	ナトリウム	0.97

表に例示している水銀は液体です。そこで、鉄の塊を水銀の液体の中に入れてみましょう。すると、鉄の塊は沈まずにプカプカ浮かぶことになります。というのは、水銀の密度よりも鉄の密度の方が小さいからです。

「密度」という言葉は、化学以外でも、日常生活のさまざまな分野で使われています。例えば、記録密度、人口密度、骨密度など、いろいろと思い浮かぶことでしょう。

これらに共通することは、一定の長さや面積や体積の中で、対象となるものの量がどれくらいかを表していることです。例えば、人口密度は1平方キロメートルの中に住む人の数、などと定義されています。

7 密度と温度の関係

§6で密度について説明しましたが、その密度は温度によって変化することに、お気付きでしょうか？

例えば、鍋いっぱいに入れた水をゆっくり温めていくと、鍋から水がこぼれます。これは、水の体積が増えるからです。温度が高くなると体積が膨張するのです。すると、体積が増えた分、その密度は小さくなります。というのは、

$$\text{物質の密度（g/cm}^3\text{）} = \frac{\text{物質の質量（g）}}{\text{物質の体積（cm}^3\text{）}}$$

という密度の式で、分母が大きくなるからです。

物質の温度は、その物質を構成する原子の活発さと密接に関係します。温度が高くなると、原子は活動的になり、互いに押し合いへし合いして、全体の体積を増やします。こうして、温度が高くなると体積が大きくなります。したがって、温度が高くなるにつれ、一般的に物質の密度は小さくなるのです。

物質の温度による密度変化は、固体や液体ではそれほど目立ちません。しかし、気体では顕著です。温度差に比例して、体積も増えるからです。したがって、空気の密度は温度に大きく依存します。

温度が高くなると体積が大きくなり密度が低下する現象を、

熱膨張と呼びます。この熱膨張を利用したものがアルコール温度計や水銀温度計です。液だまりの中の液体は温度の上昇とともに膨張してガラス管にあふれ出ます。それによって上昇した先端部分で温度を表示するのが、これらの温度計の仕組みです。

さて、「温度が高くなると体積が増える」と力説しましたが、例外もあります。それが水です。

下のグラフのように、水は4℃のときに、最も密度が大きくなります。氷が水に浮かぶのはこのためです。普通の物質では、固体がその液体の中に浮かぶということはありません。

この風変わりな性質は、水分子の特性から生まれています。このおかげで、厳冬期に海も湖も氷という蓋を持ち、底まで凍てつくことはありません。もし氷が水の上に浮かばなければ、真冬の厳寒地では、海や湖は底のほうから先に凍ってしまい、海や湖はカチカチの氷塊になってしまいます。それでは、魚はさぞすみづらいことでしょう。その魚から進化した私たちは、存在していなかったことでしょう。

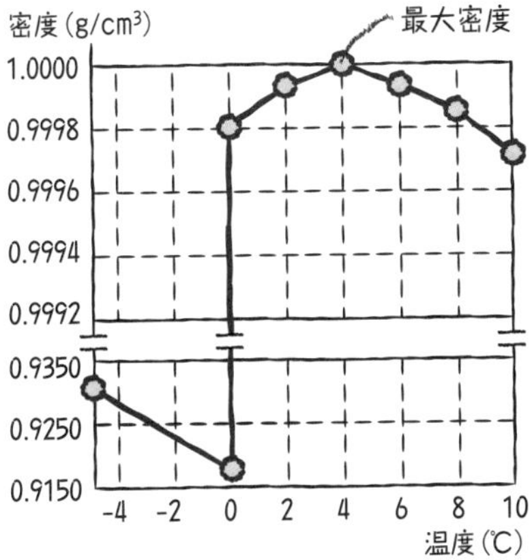

8 密度と比重の関係

かつて中学校で、**比重**という言葉を習った方もいるのではないでしょうか？　比重は**密度**と似て非なるものです。この2つの言葉の違いを調べてみましょう。

密度とは、§6で説明したように、次のように定義されます。

$$\text{物質の密度（g/cm}^3\text{）}=\frac{\text{物質の質量（g）}}{\text{物質の体積（cm}^3\text{）}}$$

では、比重はどう定義されるのでしょうか。これは読んで字のごとく、「比べられた重さ（質量）」です。何と比べられたかというと「水」です。すなわち、4℃の水1 cm^3と物質1 cm^3の質量の比なのです。

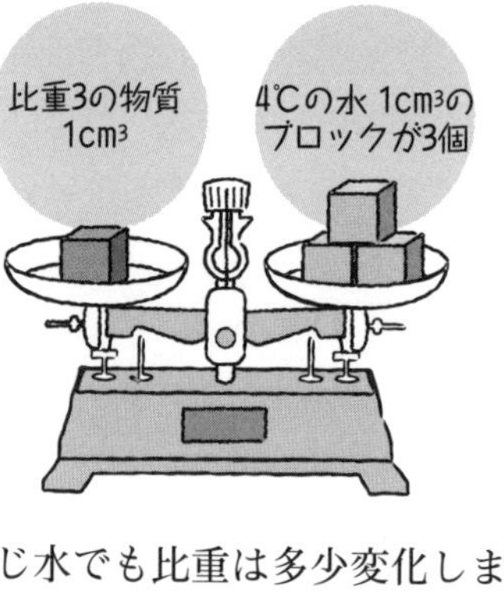

例えば、比重3の物質とは、その1 cm^3の重さが水1 cm^3の重さの3倍と同じになる物質のことです。

当然ですが、水の比重は1です。ただ、温度が変わると、同じ水でも比重は多少変化しますので注意しましょう。

ところで、なぜ4℃の水が基準なのでしょうか？　それは、

§７で紹介したように、この温度で水の密度が最も大きくなるという特徴があるからです。

さて、水１cm^{3}の質量はほぼ１gなので、比重と密度の値はだいたい同じです。比重には単位がなく、密度には単位g/cm^{3}が付くという違いがあるくらいです。

しかし、厳密には密度と比重の値は異なります。というのは、４℃の水１cm^{3}は、実をいうと１gではなく、0.999972gだからです。すなわち、小数第４位ぐらいまでは密度と比重は同じ値ですが、それ以上の小数の位の数を比較しようとすると、値は異なります。比重と密度との変換公式は次のようになり、比重の方が、値がほんのわずかだけ大きくなります。

$$\text{比重} = \frac{\text{密度}}{0.999972}$$

ところで、比べるものが水以外のときにはどうなるでしょうか？気体の比重の場合、空気との質量比が利用されることがあります。右の表は、そのときの各気体の比重を表しています。この表から、例えば１より大きい比重の気体は、空気の下によどむことがすぐわかります。

物質名	比重
空気	1.000
塩化水素	1.268
塩素	2.486
アンモニア	0.596
酸素	1.105
水素	0.070
二酸化炭素	1.529
窒素	0.967
ヘリウム	0.138
硫化水素	1.191

9 空気に含まれる気体を分析

これまでは、固体や液体を中心に説明してきましたが、ここでは、**気体**について説明していきます。

気体は物質の三態の中で、最もとりとめがない状態です。多くの気体は無色無臭であり、そこに存在しているかすら、わからない場合があります。

そもそも、「空気」を人類が認識したのは紀元前200年頃だとされています。そのことを最初に証明したのは哲学者として有名なギリシャ人のヘロンだといわれています。ヘロンは、空気の存在を示すために、空のビンを逆さまにして水の中に押し込みました。すると、水はビンの中に入りません。しかし、底に穴をあけると、水がビンの中に入ってきます。こうして「ビンの中の『空気』が、ビンの空間を占有していた」と証明したそうです。

さて、実在が証明されても空気の実体が明らかにされたのは、ヘロンからずいぶんと時がたってからです。空気中の成分は表のような順で発見されました。

年	物質名	発見者（発見国）
1756年	二酸化炭素	ブラック（英）
1766年	水素	キャベンディシュ（英）
1772年	酸素	シェーレ（スウェーデン）
1774年	酸素	プリーストリ（英）
1774年	アンモニア	プリーストリ（英）
1774年	塩酸	シェーレ（スウェーデン）

中学校では、状態としての気体の性質については、あまり深入りしませんが、気体の次の性質は常

識として確認しておきましょう。

(1) 温めると体積は膨れ、冷やすと減少する。

(2) 圧力を大きくすると体積は小さくなり、圧力を小さくすると体積は大きくなる。

中学校で空気の性質に深入りできないのは、実験しにくいことが挙げられます。例えば体積を調べるにしても、気体を回収して体積を測定するのは困難です。また、温度が関係することも、気体を扱いにくくしている要因です。気体を定量的に扱うには、**絶対温度**という知識が必要になるからです。

温度をどんどん下げていくと、−273℃で止まってしまいます。これが**絶対零度**で、これを基準に測定するのが絶対温度です。この温度を用いると、(1)(2)は次のように表現できます。

気体の体積は絶対温度に比例し、圧力に反比例する。

これを**ボイル・シャルルの法則**と呼びますが、その詳細は高等学校の内容になります。

さて、絶対零度に言及したついでに、空気がその温度近くになったならどうなるかについて紹介しておきます。空気を構成するほとんどの気体は固体になります。ただし、ヘリウムは液体の状態を維持します。物体の三態（固体・液体・気体）のうち、ヘリウムは二態しかとれない不思議な物質なのです。

10 状態変化で「変わるもの」と「変わらないもの」

化学で扱う変化には**化学変化**と**状態変化**があると説明してきました。炭酸水素ナトリウムを加熱して分解するときのように、変化前後で異なる物質になる物質の変化を「化学変化」といいましたね。また、水が凍ったり蒸発したりするときのように、状態が変わっただけで、別の物質に変化したわけではない変化を「状態変化」といいましたね。

本章では、これまでに、いろいろな状態変化を見てきました。ここでは、状態変化では、「何が変わり」「何が変わらなかったか」を検証してみましょう。

化学変化では、変化の前後で物質そのものが変化すると説明してきました。しかし、状態変化では、物質は変化しません。すなわち、構成分子が壊れたり、組成が変わったりすることはないのです。

それでは、体積はどうでしょうか？　これは変化します。

ミクロの立場で見てみると、物質を作る原子や分子は、温度が上がるごとに動きを増し、自分の居場所を広げようとします。その結果として、温度が高くなると、体積は全体として増えることになります。特に、固体や液体が気体に変化するときには、元の体積の1000倍近く、またはそれ以上に大きくなります。

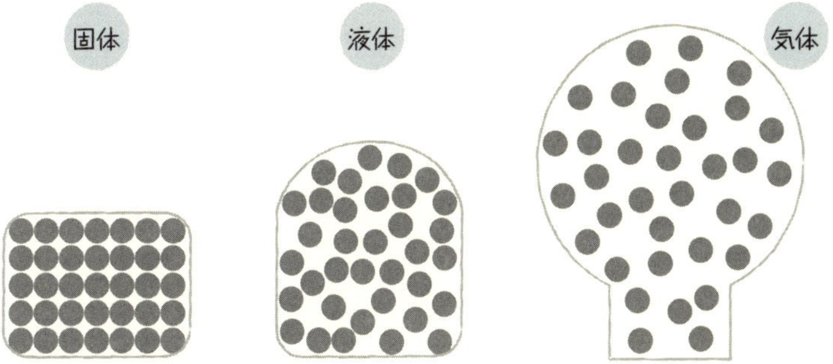

では、質量はどうでしょうか？　上の図からもわかるように、物質の量そのものが変化するわけではありません。したがって、質量は保存されます。

さて、「温度が高くなると体積は増加する」と述べました。しかし、§７でも説明したように、水は例外です。4 ℃までは、「温度が高くなると体積が減少する」のです。逆にいえば、「温度を下げると体積は膨張し、密度は減少する」のです（下図）。特に水が氷になるときに、その膨張は顕著です。

昔、寒冷地では、石を割るのに石の裂け目に水を流し込んだといいます。水は寒さで凍り、その体積を膨張させます。すると、石はその膨張の力に耐えられず、パカッと割れてしまうのです。昔の人も上手に水の状態変化を利用していたのです。

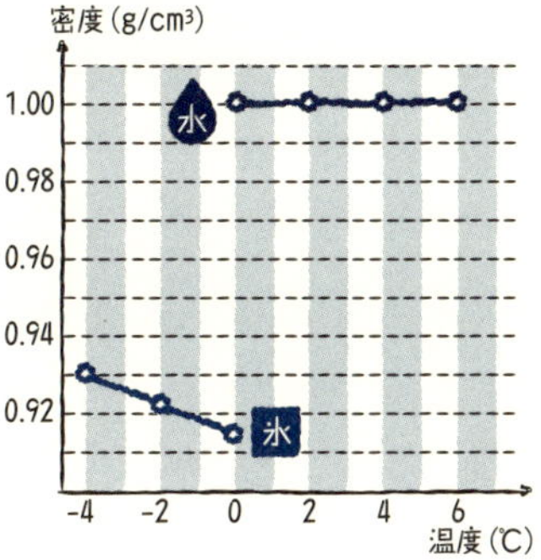

11 固体はすべて結晶でできているの?

固体のイメージを表す場合、分子や原子が整然と並んでいる右のような図がよく用いられます。実際、ほとんどの固体は、この図のように規則正しく分子や原子が並んでいます。外見上にはきれいな幾何学的な形を作り出します。それが**結晶**です。

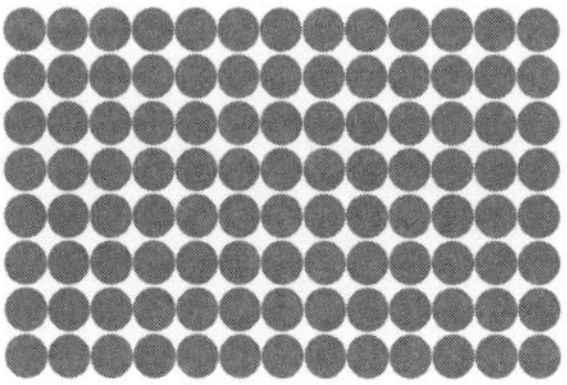

固体のイメージ

結晶として有名なものには水晶とダイヤモンドなどがあります。水晶は二酸化ケイ素という分子が、ダイヤモンドは炭素の原子が、規則正しく並び、美しい姿を作り出しています。

中学校で一般的に取り上げられる結晶には、ミョウバンと塩があります。塩は立方体、ミョウバンは正八面体のきれいな結晶です。夏休みの自由研究で作られた方も多いのではないでしょうか?

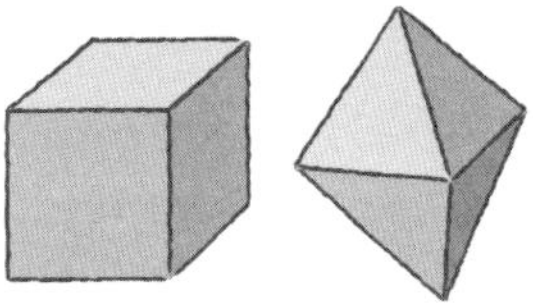

塩の結晶　ミョウバンの結晶

ところで、美しい大きな結晶は自然の中ではなかなか得られません。得られたとしても高価です。そこで、人工的に結晶を作る方法が考え出されました。それが**再結晶**という方法です。

例えばミョウバンの大きな結晶を作る場合、温度が高い水に多量のミョウバンを溶かします。その後、温度をゆっくり下げていきます。すると、種となる小さなミョウバンがどんどん大きく成長していきます。これが再結晶と呼ばれる結晶の作り方です。

また、ミョウバンを溶かした溶液をゆっくり温めて、水を蒸発させても結晶が得られます。この方法も再結晶と呼ばれます。

再結晶は、「産業の米」と呼ばれる半導体の原材料シリコン（ケイ素：原子記号Si）の結晶を作成する際にも基本的な方法として用いられています。再結晶で結晶を作ると、原料に含まれていた不純物も取り去られます。そのおかげで、とてもハイレベルな純度のシリコン結晶を再結晶で得ることができます。「テンナイン」といって、9が10個並ぶ0.9999999999の純度のシリコン結晶を作り出すことができているのです。

では、すべての固体が結晶を作るのでしょうか？　例えば、粉末の場合はどうでしょうか？　一見して結晶とは思えない粉末物質の多くは、顕微鏡で見ると、一粒一粒が結晶を作っていることがわかります。調理で用いられるグラニュー糖も、きれいな立方体の結晶をしています。

ガラスはどうでしょうか？　実はガラスは、結晶ではありません。一般的に、結晶構造を持たないガラスのようなものを**アモルファス**といいます。これはあたかも液体のまま固体になった物質で、結晶にはない特性を生かして幅広く活用されています。

COLUMN

固体と液体の中間の物質「液晶」

フラット型のテレビが大人気ですが、その画面表示部の多くには「液晶」が用いられています。この「液晶」とはどんなものなのでしょうか?

「液晶」とは液体と固体の中間状態にある物質です。多くは細長い棒状の分子からなる有機化合物で、自然状態ではその分子が緩やかな規則性をもって並んでいます。その状態はあたかも固体のようです。

ところが、この液晶に電圧をかけると、液体のように分子の並び方が変わり、光の通し方が変化します。この特性を利用して映像を映し出しているのが液晶テレビです。

液晶は、1888年、オーストリアの植物学者ライニツァーによって発見されました。なんと、それはコレステロールの研究中のことでした。偶然とはすごいことです！

それから80年近くたった1962年、アメリカRCA社のウィリアムズは、液晶に電気的な刺激を与えると、光の通し方が変わることを発見しました。これが液晶ディスプレイの始まりです。

液晶は特別な物質かというと、そうでもありません。例えばイカ墨にも液晶の性質があります。身の回りの物質を調べると、役に立つ液晶になるものがあるかもしれませんね。

第5章……水溶液

1 水溶液って何？

物質が水に溶けて液体になっているものを**水溶液**といいます。例えば、塩が水に溶けてできる塩水も水溶液の一種です。

一般的に、溶かす液体を**溶媒**、溶かされる物質を**溶質**といいますが、水溶液は水が溶媒になっている溶液のことです。

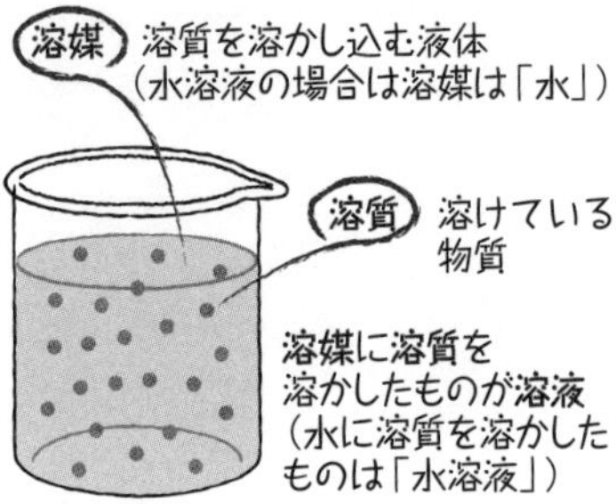
溶媒
溶質を溶かし込む液体
（水溶液の場合は溶媒は「水」）
溶質
溶けている
物質
溶媒に溶質を
溶かしたものが溶液
（水に溶質を溶かした
ものは「水溶液」）

水はすぐれた溶媒で、気体や液体、固体のいろいろな物質を溶かす力があります。

物質が溶けて水溶液になると、溶質は分子や原子、イオンなどになって溶媒の中に一様に混ざってしまいます。そのため、溶質の粒は見えなくなりますが、溶質そのものがなくなるわけではありません。

例えば、食塩水の場合を考えてみます。溶かす前の食塩と水の合計の質量を量っておきます。次に、溶かした後の食塩水の質量と比べてみます。すると、質量が変わらないことがわかります。このことからも、食塩が水の中に存在し続けていると考えることができます。

ところで、コップの水に塩や砂糖を少しずつ溶かしていくと、それ以上溶けない量があります。このように、一定の量の水に溶かすことができる物質の限度の質量を**溶解度**といいます。これは、物質によって固有の値となります。

溶質が固体や液体の場合、溶解度は水100gに溶ける溶質の質量（g）で表すのが一般的です。例えば、砂糖は水100gに約205g溶けるので、このことから「砂糖の溶解度は205」と表現されます。

通常、溶解度は温度によって変化します。温度が上がると溶解度はそれにつれて上がるのが普通です。

次の表は、身の回りの固体物質に関する溶解度をまとめています。物質によっての溶解度の違いを理解しましょう。

固体の溶解度（25°C）

物質名	g/水100g	物質名	g/水100g
塩化アンモニウム	39.3	水酸化カルシウム	0.169
塩化カリウム	35.8	水酸化ナトリウム	113.8
塩化カルシウム	82.8	炭酸カルシウム	0.81
塩化ナトリウム	35.9	炭酸ナトリウム	29.4
塩化マグネシウム	55.2	炭酸水素ナトリウム	10.3
塩化銀	0.00193	尿素	121.1
シュウ酸	11.6	ホウ酸	6
酒石酸	140.7	硫酸アルミニウム	38.6
砂糖（ショ糖）	204.6	硫酸アンモニウム	76.4
硝酸銀	239.3	硫酸バリウム	0.00268

溶質が気体の場合、通常、溶解度はその気体の標準の状態で水 1 cm^3に溶ける体積で表します。気体の溶解度は、温度が高くなるほど溶解度が下がるのが一般的です。固体や液体とは逆になるのです。面白いですね。

2 水溶液の性質いろいろ

物質を水に溶かしたものを、その物質の**水溶液**といいます。その水溶液には、さまざまな性質があることが知られています。そのいくつかを紹介していきます。

最も有名で重要なのは酸性・アルカリ性・中性という性質です。これらの性質はリトマス試験紙やBTB液、フェノールフタレイン液でチェックできます（第1章§10、11）。一般的に、酸性は酸っぱく、アルカリ性は苦い性質があります。

水溶液は、金属に対する反応でも、さまざまな性質を示します。例えば、塩酸に亜鉛を入れると、反応して水素が生まれますが、薄い水酸化ナトリウム溶液に亜鉛を入れても、何も発生

水溶液名	塩酸	炭酸水	アンモニア水
溶質	塩化水素	二酸化炭素	アンモニア
におい	刺激臭	無臭	刺激臭
酸・アルカリ	酸性	酸性	アルカリ性
対亜鉛	さかんに溶けて水素を発生	少し泡が付く	変化なし
1滴加熱	何も残らない	何も残らない	何も残らない
その他	硝酸銀水溶液を入れると白濁。石灰石を入れると二酸化炭素発生。	石灰水と混ぜると白濁。	加熱するとアンモニアが発生。

しません。

また、その水溶液の作り方もさまざまです。例えば、食塩水は固体の塩化ナトリウムを溶かして作成しますが、塩酸やアンモニア水は気体の塩化水素、アンモニアを水に吸収させて作ります。

固体を溶かした水溶液の水滴を加熱・蒸発させると、後に粉末などが残ります。しかし、気体が溶けた水溶液の水滴を加熱・蒸発させても、後には何も残りません。この性質は水溶液の区別に役立ちます。

表は代表的な水溶液の性質です。それぞれの特性を確認しておきましょう。

	水酸化ナトリウム水溶液	食塩水	砂糖水
	水酸化ナトリウム	塩化ナトリウム	砂糖
	無臭	無臭	無臭
	アルカリ性	中性	中性
	変化なし	変化なし	変化なし
	白いしみが残る	白いしみが残る	炭のようなものが残る
	タンパク質を溶かす。	硝酸銀水溶液を入れると白濁。	電気を通さない。

3 水溶液の判別方法

水溶液があるとき、それが何であるかをまず調べることが大切です。不明なものに対しては、どう対応してよいかわからないからです。第１章§11では、物質の一般的な見分け方について説明しましたが、ここでは、水溶液に絞って、その見分け方を紹介していきます。

与えられた水溶液が何であるかを調べるには、水溶液のさまざまな性質の違い、すなわち個性を理解しておくことが大切です。

例えば、与えられた水溶液のにおいをかいでみます。アンモニア水や塩酸は独特のにおいがするので、すぐにわかります。それに対して、水酸化ナトリウム溶液や食塩水などは、無臭ですから、かいでもわかりません。

また、リトマス試験紙などを利用して、酸性・アルカリ性・中性を調べます。塩酸や硫酸などは酸性を、アンモニア水や水酸化ナトリウム溶液などはアルカリ性を、食塩水や砂糖水は中性を示します。

判別には、水溶液から数滴取り出し、それを蒸発皿の上で加熱するのも有効な手段です。例えば水酸化ナトリウムのように、固体が溶けた水溶液ならば、後に白いしみや粉末、こげや炭が残ります。それに対して、塩酸やアンモニア水など、気体が溶けた溶液は後に何も残りません。

中学校では参考程度で扱われることが多いのですが、その溶液を紙にしみ込ませて燃やすのも、判別の大きな武器となります。ナトリウムがあれば黄色、カルシウムがあれば赤橙色、銅があれば青緑色に発光するので、その色の違いで水溶液が区別できます。

以上のような方法で水溶液に何が含まれているかを判別するのを**定性分析**といいます。化学の重要な応用分野です。公害や毒物汚染に対しては、この定性分析で問題物質を特定します。

判別方法	結果
におい	特有のにおいを持つ水溶液がある。
酸・アルカリを調べる	酸性かアルカリ性か中性かをリトマス紙・BTB溶液などを用いて調べる。
少量を取り加熱	水が蒸発すると、溶質が気体の場合は何も残らない。
金属を入れる	鉄、マグネシウムなどの金属は、塩酸や硫酸などに溶けて水素を発生。
硝酸銀水溶液を入れる	塩酸や食塩水など、塩素イオンを含むものは白い沈殿ができる。
炎色反応	炎の色によって、含まれている原子の種類がわかる。
電流を流す	砂糖水には電流は流れない。

4 水溶液を判別してみよう

§3 で紹介した**定性分析**の手法は、化学の大切な応用分野です。次の問はある公立高校の入試問題です。チャレンジしてみましょう。

(問) 5 本の試験管A～Eの中に、次の 5 種類の水溶液がそれぞれ入っている。
うすいアンモニア水、砂糖水、食塩水、うすい塩酸、石灰水

試験管A～Eにどの水溶液が入っているかを調べるために、実験 1、2 を行い、その結果を表にまとめた。この結果をもとに試験管A～Eの水溶液は何かを答えよ。

[実験 1] それぞれの水溶液を数滴ずつスライドガラスにとり、加熱して水を蒸発させ、その様子を見る。
[実験 2] それぞれの水溶液に緑色のBTB液を入れ、色の変化の様子を見る。

	試験管A	試験管B	試験管C	試験管D	試験管E
実験 1	白い物質が残る	何も残らない	何も残らない	白い物質が残る	黒い物質が残る
実験 2	青色	黄色	青色	変化なし	変化なし

（正解）A 石灰水　B うすい塩酸　C うすいアンモニア水
D 食塩水　E 砂糖水

まず、**実験2**ですが、これは水溶液の酸性、アルカリ性、中性を問うています。BTB液は中性で緑色、酸性で黄色、アルカリで青です。そこで、次のような候補が挙げられます。

（注）石灰水は水酸化カルシウムの飽和溶液で、強いアルカリ性を示します。

	試験管A	試験管B	試験管C	試験管D	試験管E
実験2	うすいアンモニア水、石灰水	うすい塩酸	うすいアンモニア水、石灰水	砂糖水、食塩水	砂糖水、食塩水

実験1は、溶けているものが固体か気体かを問うています。砂糖水は燃やすと黒い燃え残りが生じるので、上の表から再度候補を拾い上げると、次のような最終判定結果が得られます。

	試験管A	試験管B	試験管C	試験管D	試験管E
実験1	石灰水	うすい塩酸	うすいアンモニア水	食塩水	砂糖水

定性分析の一端をうかがい知ることができる問題です。しかし、実際の定性分析はこれよりも複雑なことに留意しておきましょう。チェックする物質の数は膨大ですし、そもそも最初に何が入っているかさえ不明です。

5 溶解度と温度の関係

砂糖の水溶液（砂糖水）とは、砂糖が水に溶けたものを指します。ところで、その砂糖は際限なく溶けるでしょうか？　それとも、ある一定の量以上は解けないでしょうか？　正解は後者です。通常、一定の水に溶ける物質の量には限界があります。

一定の水に溶ける物質の最大の量を定量的に示す量が**溶解度**です（§1）。溶解度は水100gに溶ける物質の最大の質量のことを指します。この値が大きいと、よく溶けることを表します。逆に小さいと、溶けにくいことを表します。これは各物質で固有の値となります。

物質が溶解度まで溶けている水溶液を**飽和水溶液**といいます。つまり、与えられた量の水にできるだけ物質を溶かしてできた水溶液が飽和水溶液です。

さて、ホットコーヒーには砂糖はよく溶けますが、アイスコーヒーには溶けにくいことは周知のことです。温度によって、物質の溶けやすさが違うのです。

右のグラフは代表的な化学物

化学物質の溶解度

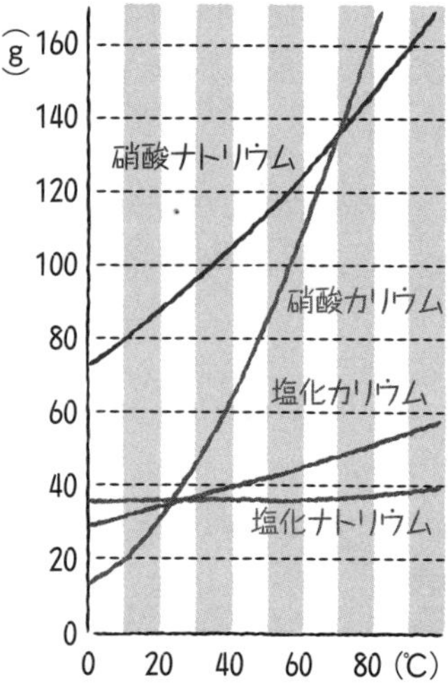

質の溶解度の温度による違いを表したものです（**溶解度曲線**といいます）。温度が高くなるにつれて、グラフは右上がりになっています。つまり、温度が高くなると、溶解度は大きくなるのです。

温度が高いと溶解度が大きくなるのは、物質を構成する分子や原子の動きで説明できます。温度は物質を構成する分子や原子の活発性に関係します。温度が高ければ、互いに活発に混ざり合って溶解度が大きくなります。逆に温度が低いと、原子や分子は不活発になり、互いに混ざり合わなくなります。

ところで、このグラフを見ればわかるように、物質の種類によって溶解度は大きく異なります。この個性を利用して、水に溶けている物質を分離できます。

例えば、よく溶ける硝酸カリウムにあまり溶けない少量の塩化ナトリウムが混ざっている混合物があるとしましょう。これから硝酸カリウムを分離するには、温度を高くした水にこの不純物をできるだけ溶かします。そして、ゆっくり冷やすのです。グラフの溶解度曲線からわかるように、溶解度の温度変化が小さい少量の塩化ナトリウムは水に溶けたままです。しかし、溶解度の温度変化が大きい硝酸カリウムは水に溶けきれず、結晶となって固体化します（これが第 4 章§11で説明した**再結晶**です）。その結晶を含んだ溶液をろ過すれば、純粋な硝酸カリウムが得られます。

6 水溶液の濃い・うすいを表す「濃度」

§5 で説明した**溶解度**は、**飽和水溶液**を対象にした値です。すなわち、100gの水にどれだけ溶けるかを示すのが溶解度なのです。ここでは、「どれだけ溶けるか」ではなく、「どれくらい溶けているか」を示す**濃度**という量について説明します。

水溶液の濃度とは、簡単にいえば「濃いかうすいか」を表示する値で、次のように定義されています。

$$\text{水溶液の濃度（\%）} = \frac{\text{溶質の質量（g）}}{\text{水溶液の質量（g）}} \times 100$$

例えば、100gの水酸化ナトリウム水溶液があり、その中に水酸化ナトリウムが5gだけ溶けていたとしましょう。このとき、この水酸化ナトリウム水溶液の濃度は、

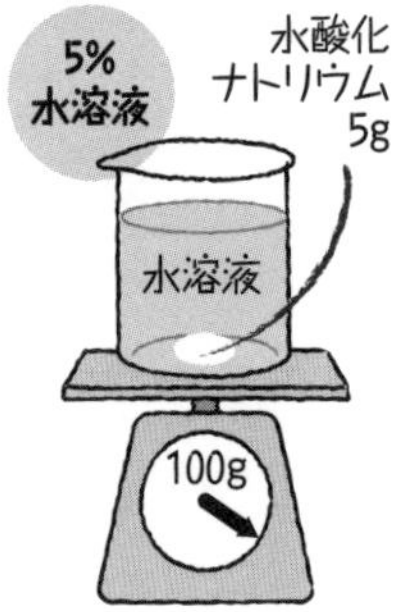

$$\frac{5\text{g}}{100\text{g}} \times 100 = 5\%$$

となります。これからわかるように、「水溶液100g中に溶けている溶質の質量（g）」が濃度になります。

では、次の問題にチャレンジしてみてください。

（問）190ｇの水に何グラムの水酸化ナトリウムを溶かすと、5％の水酸化ナトリウム水溶液ができるか？

（正解）10ｇ

中学生は意外とできない問題です。図解していきます。

5％の水酸化ナトリウム水溶液は、単純に直線で示すと、下の図1で表わされます。水溶液100gの内訳は水酸化ナトリウム5gと水95gだからです。問では水が190g用意されています。100gの水溶液の2倍の水があるわけです。そこで、水酸化ナトリウムも2倍の量が必要になります。よって10gとなります。

図1

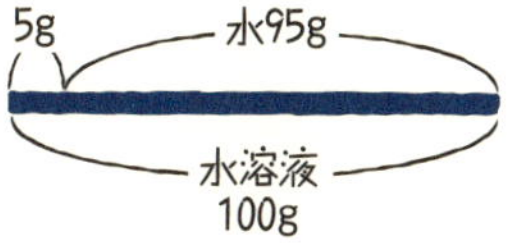

図2

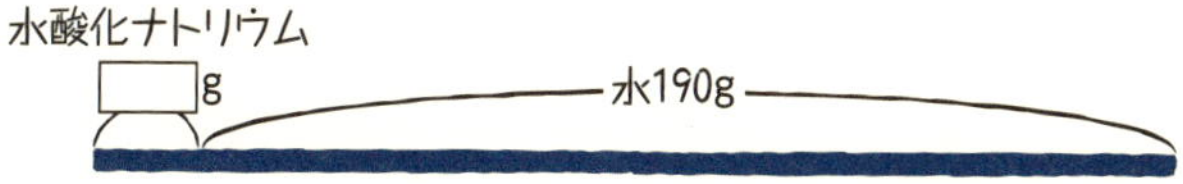

濃度にはいろいろな種類があります。この問題で示した濃度は、**質量パーセント濃度**といいます。他に、中学校では扱いませんが、「モル濃度」などがあります。まぎらわしいためでしょうか、平成14年度からは中学校の教科書から濃度は削除されてしまいました。しかし、「ゆとり教育」の反省の結果、平成21年度の新しい学習指導要領からは復活しました。

7 気体だって水に溶ける

ここまで、固体や液体の溶けた水溶液について詳しく見てきました。本章の終わりに、気体の水溶液についても説明しておきます。

ここまででも、二酸化炭素の水溶液が弱い酸性を示す、など気体の溶けた水溶液について少し触れてきましたが、ここではもう少し幅広く紹介していきます。

ところで、「酸素が水に溶ける」というと「エッ！?」と驚かれる方もいるかもしれませんが、実際溶けています。そのおかげで、魚は水中で酸素呼吸ができるのです。一般的に、量の多い少ないは別として、すべての気体は水に溶けます！

では、一般的な気体の溶け方について、まず、圧力との関係を見てみましょう。

炭酸飲料の缶を開けたときに気泡があふれ出ることからわかるように、圧力が減ると水の中の気体は、外に出てしまいます。逆に、圧力をかけると、気体は水によく溶け込みます。これは「水に溶ける気体の量は圧力に比例する」という法則（**ヘンリーの法則**）としてまとめられます。

次に温度との関係です。例えば水の入った水槽を観察してみましょう。気温が高くなると壁面のガラスに気泡ができてくるのを見た経験はないでしょうか？　これは、温度が高いと、空気は水に溶けきれず、飛び出してしまうからです。

右のグラフは、1気圧における気体が1 cm^3の水に溶ける量（cm^3）を示したものです。これを見ても、温度が高くなると、気体は水にすみづらくなるのがわかります。

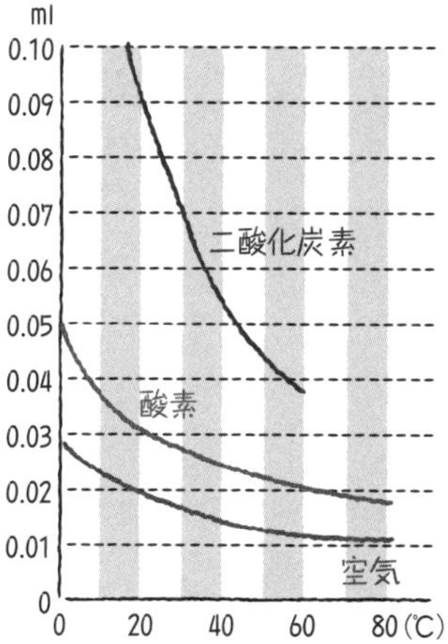

ところで、水に溶ける気体の溶解度は、その気体の種類によって異なります。下の表は、代表的な気体について、1気圧25℃での気体の溶ける量（cm^3）を示しています。この表を見ると、アンモニア、塩化水素の次に二酸化硫黄が水に非常に吸収されやすいことがわかります。その水溶液の名前は「亜硫酸」。大気汚染物質の二酸化硫黄はこのように大気の水蒸気に吸収されて、酸性雨となって地上に落ちているのです。

気体の溶解度（25°C）

物質名	cm^3/水100cm^3	物質名	cm^3/水100cm^3
アンモニア	612.7	塩化水素	426
エタン	0.0422	塩素	0.641
ネオン	0.0101	酸素	0.0285
ヘリウム	0.0087	水素	0.0175
メタン	0.0315	窒素	0.0147
一酸化炭素	0.0214	二酸化炭素	1.0535
硫化水素	0.0213	二酸化硫黄	31.2724

水に溶ける物質、溶けない物質

水は「最良の溶媒」といわれます。豊富で安価、という理由もさることながら、とにかくいろいろな物質をよく溶かし、水溶液を作ってくれます。

ところで、油は水に溶けにくい性質があります。どんな物質が水に溶け、どんな物質が水に溶けないのでしょうか？

水がいろいろな物質をよく溶かす理由は、その分子構造にあります。右の図のように、水は酸素と水素が曲がって結び付き、なおかつ電気の分布を偏在させています。酸素が電子を強く引き付けてマイナスの電気を帯び、水素は電子を奪われてプラスの電気を帯びているのです。これを**極性**といいます。

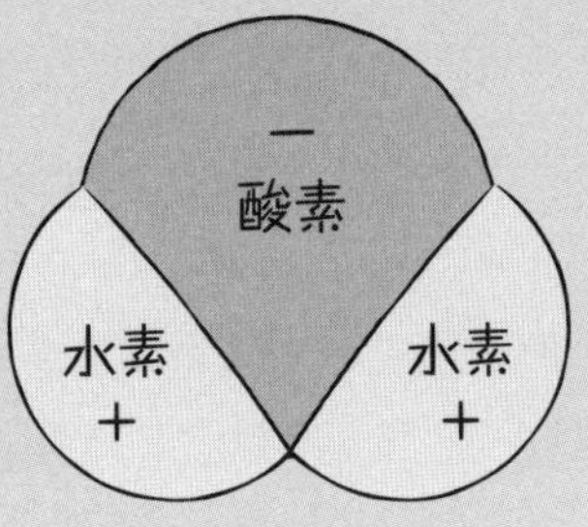

そこで、このような極性を持つ物質とはとても相性が良くなります。プラスとマイナスがうまく組み合わさるからです。逆に、このような極性を持たない物質には相性が良くありません。

多くの物質はある程度、極性を持つので水に溶けます。しかし、油の極性は非常に小さいのです。そのことから、油は水に溶けにくくなっているのです。

第6章……化学の計算問題

1　密度の公式とその覚え方

第４章§６で、密度は次の式で得られると説明しましたね。

$$\text{物質の密度（g/cm}^3\text{）}＝\frac{\text{物質の質量（g）}}{\text{物質の体積（cm}^3\text{）}}$$

例えば、質量が160ｇ、体積が20cm^{3}の物質の密度は次のように計算されます。

密度＝160（g）÷20（cm^3）＝8（g/cm^3）

さて、この公式の有名な覚え方があります。それが次の呪文です。

「密度**満《み》たしつ**」

密度＝$\frac{\text{質量}}{\text{体積}}$

この呪文に従って、**み（密度）**、**た（体積）**、**しつ（質量）**を右の図のように並べます。Ｔの上下は分数の関係を、左右は積（掛け算）の関係を表します。

計算の際には、求めたい用語を指で押さえます。すると、残った２つの用語の位置関係が、この図から読み取れるのです。

●「密度」を求めたいとき

「み」の文字を指で押さえます。すると、質量／体積の式が図から読み取れます（／は割り算）。

（例）物質の質量が100g、体積が50cm^3のとき

密度＝100（g）／50（cm^3）＝2（g/cm^3）

●「質量」を求めたいとき

「しつ」の文字を指で押さえます。すると、密度×体積の式が図から読み取れます。

（例）物質の密度が 3 g/cm^3、体積が20cm^3のとき

質量＝3（g/cm^3）×20（cm^3）＝60（g）

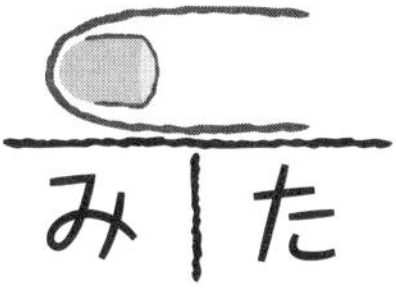

質量＝密度×体積

●「体積」を求めたいとき

「た」の文字を指で押さえます。すると、質量／密度の式が図から読み取れます。

（例）物質の質量が180g、密度が 3 g/cm^3のとき

体積＝180（g）／3（g/cm^3）＝60（cm^3）

$体積＝\frac{質量}{密度}$

小学校の時、速さ、時間、距離の関係を「はじき」と覚えた読者も多いのではないでしょうか。これも同様の覚え方で、

距離＝速さ×時間

速さ＝距離／時間

時間＝距離／速さ

の関係式がすぐに導き出されます。

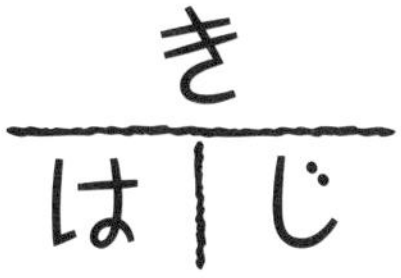

2 目的の濃度の水溶液を得るには?

第５章§６で、水溶液の濃度（質量パーセント濃度）について次の式を紹介しましたね。

$$\text{水溶液の濃度（\%）} = \frac{\text{溶質の質量（g）}}{\text{水溶液の質量（g）}} \times 100$$

ここで、注意すべき点は、水溶液をうすめたり蒸発させたりしても、この式の中の溶質の量は不変であることです。濃度の問題を考えるときには、このことがカギとなります。「**濃度問題は溶質の質量に着目！**」を覚えておきましょう。

これを利用して、ここから§４まで、中学生の苦手な「濃度の問題」にチャレンジしていきます。

まずは、「目的の濃度の水溶液をどう作るか」の問題です。実験で薬品を使う際、使いたい薬品の濃度にピッタリ合った濃度の試薬ビンが用意されていることはまれです。自分で、適当な濃度にうすめる必要があります。

（問）濃度15％の砂糖水60ｇを、12％にうすめるには何ｇの水を加えればよいか。

〔解法1〕図による解法

濃度は水溶液100g中の砂糖の量と考えられます。そこで、最初の砂糖水60gには、下の左の図より 9 gの砂糖が入っていたことになります。この値を覚えておきましょう。

次に、下の右の図を見てください。12%の砂糖水100gには12gの砂糖が含まれます。水溶液には 9 gの砂糖が入っているので、新たに作る砂糖水は、75gということになります。よって、15 gの水を加えればよいことになります。

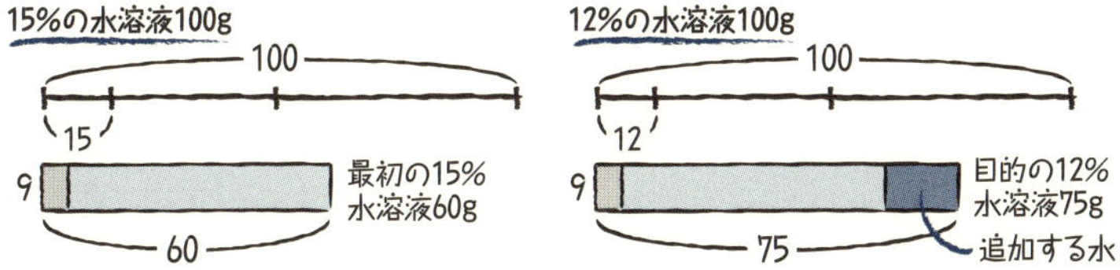

〔解答2〕式による解法

最初の砂糖水の濃度は15%なので、砂糖の量は

60×0.15＝ 9 g

入れる水の量を x（g）とすると、12%の水を作りたいので、

$$\frac{9}{60+x}=\frac{12}{100}\quad (=12\%)$$

この式を解いていきます。分数の計算はお互いに分母をかけるのでしたね。すると、

$$9\times 100=12\times(60+x)$$

この式を解くと、x は15gになります。

3　異なる濃度の水溶液を混ぜたときの濃度は？

ある薬品について、2つの異なる濃度の水溶液を混ぜ合わせると、どのような濃度に変わるのでしょうか？　次はこの問題を解いていくことにしましょう。

§2で確認したように、水溶液の濃度（質量パーセント濃度）は次のように定義されます。

$$\text{水溶液の濃度（\%）}=\frac{\text{溶質の質量（g）}}{\text{水溶液の質量（g）}}\times 100$$

そして、濃度の問題を考えるときにカギとなる次の呪文をしっかり押さえておきます。

濃度問題は溶質の質量に着目！

（問1）10%の塩化ナトリウム水溶液100gに水300gを加えた。得られた塩化ナトリウム水溶液の濃度はいくらか。

（正解）2.5%

塩化ナトリウムの質量は**100×0.1＝10g**

水溶液の質量は元の100gに水300gが追加されたので、計400g。このことから、

得られる濃度＝10÷400＝0.025＝2.5%

4倍にうすめたのですから、当然の結果です。

（問２） 10％の塩化ナトリウム水溶液100gに７％の塩化ナトリウム水溶液200gを加えた。得られた塩化ナトリウム水溶液の濃度はいくらか。

（正解）８％

10％の塩化ナトリウム水溶液100ｇには塩化ナトリウムが、

100×0.1＝10g

７％の塩化ナトリウム水溶液200ｇには、塩化ナトリウムが、

200×0.07＝14g

よって、合計24ｇの塩化ナトリウムが溶質として存在します。水溶液の量の合計は100＋200＝300なので、

得られる濃度＝24÷300＝0.08＝8％

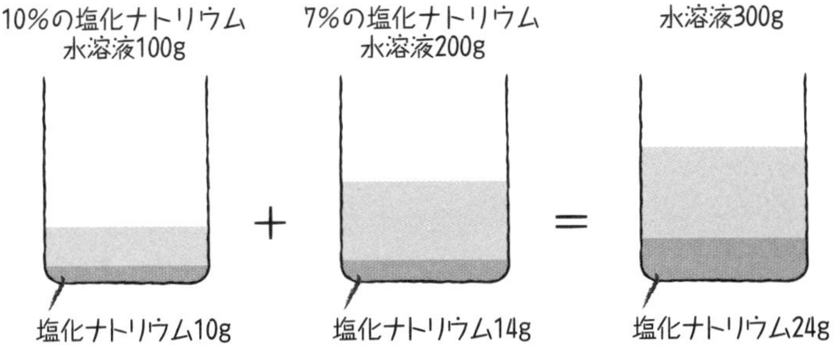

以上の２つの問題で「まず、溶質の量に着目する」という呪文の意味が確認できたと思います。

4 濃度の有名な入試問題にチャレンジ！

濃度の最後を飾る「有名な」入試問題を解いてみましょう。

（問）20℃の水400gに塩化ナトリウムを100g溶かして水溶液を作り、そのうち200gをビーカーに取った。

（1）ビーカーの水溶液には、塩化ナトリウムは何g含まれているか。

（2）ビーカーの水溶液を温めて、全体が90gになるまで水を蒸発させた。次にその水溶液を20℃まで冷やしたところ、塩化ナトリウムの結晶が20g出てきた。冷やした後の水溶液の濃度は何%か。答えは小数点以下 2 桁目を四捨五入せよ。

（正解）（1）40g　（2）28.6%

（1）水400gと塩化ナトリウム100gを加えると、合計500g。そこから200gをビーカーに取り分けるのですから、

$$\text{ビーカーの塩化ナトリウムの量} = 100 \times \frac{200}{500} = 40\text{g}$$

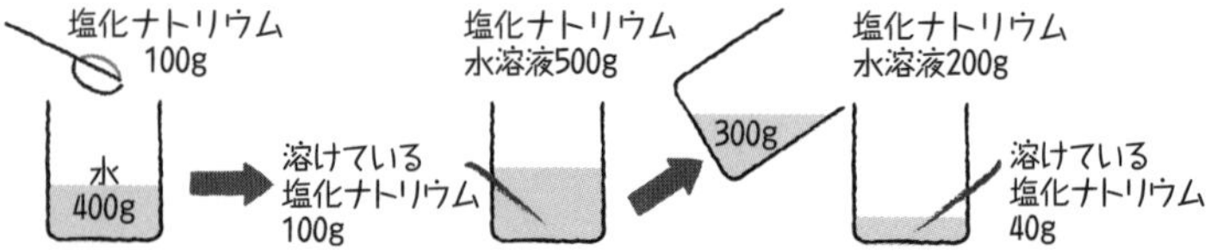

（2）加熱されたビーカーの水溶液90gには、（1）から塩化ナトリウム40gと水50gが入っていることがわかります。冷却し20gの結晶ができると、残った水溶液には塩化ナトリウム20gと水50gが入っていることになります。よって、

求める濃度＝$\frac{20}{70}\times 100=28.57\cdots=28.6\%$

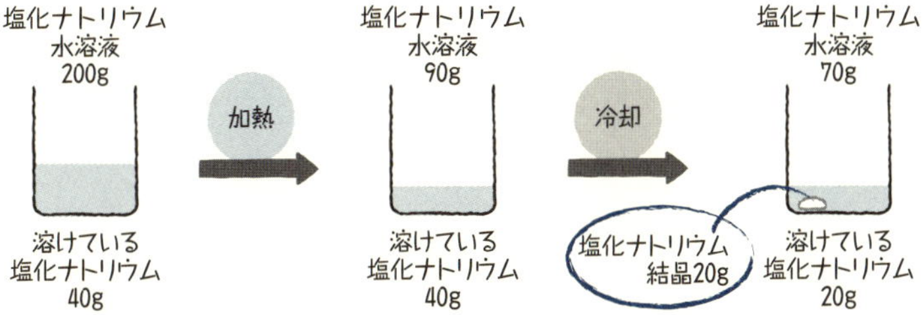

この問題には、実は次の２つの「落ち」が付いています。

① 中学の入試問題です。すなわち、小学生が解く問題です。

② 塩化ナトリウムの溶解度は25℃でも約35（第５章§１）。すなわち、100gの水に35gしか溶けないのです。すると、その飽和水溶液の濃度は$\frac{35}{100+35}\times 100=25.9\%$ です。

これ以上の濃度は存在しないはずです。ところで、この問題の濃度は28.6%。この塩化ナトリウム水溶液は実際には存在しないものなのです！

化学の問題を作るのは大変なことがわかりますね。

5 溶解度の計算はグラフを利用

第５章§１でも説明したように、**溶解度**とは、通常、水100gに溶ける溶質の質量（g）で表します。そして、溶解度は温度によって変化します。通常、温度が上がると溶解度はそれにつれて上がります。それを表したグラフが**溶解度曲線**（第５章§５）です。

硝酸カリウムの溶解度

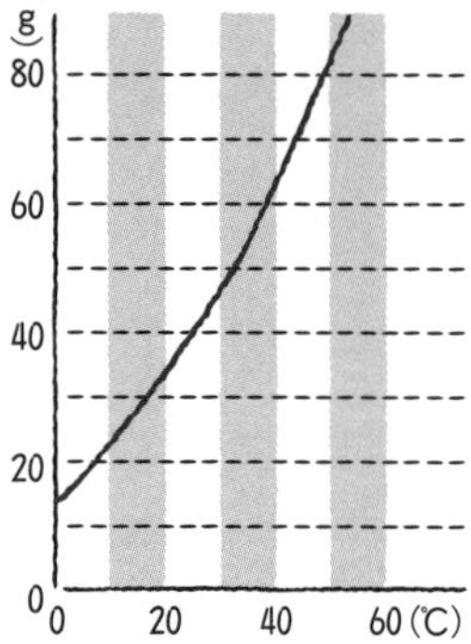

また、第４章§11では、**再結晶**という結晶の作成法について説明しました。実をいうと、この溶解度曲線こそが再結晶の原理になっているのです。

例えば、硝酸カリウム30gを60℃の水100gに溶かした水溶液があるとしましょう。このグラフから、16℃前後で結晶が生まれてくることがわかります。また、０℃まで冷やすと約15gの結晶が得られることもわかります。０℃まで冷やすと、約15gしか水に溶けないからです。

このように、溶解度曲線を利用すれば、何℃まで冷やせば再結晶が始まるか、どれくらいの量の結晶が得られるかを、具体的な量として知ることができます。この溶解度曲線の読み取りは、中学理科の問題にはとてもよく出てきます。

ここで、ある公立高校の入試問題を紹介します。チャレンジしてみましょう。

（問）太郎さんは、物質Xの水溶液について調べた。グラフは、水の温度と100gの水に飽和するまで溶ける物質Xの質量との関係を表したものである。50℃の水100gに物質Xを40g溶かした。この水溶液を50℃からゆっくり冷やしたとき、物質Xの結晶が出始める温度は、およそ何℃か。次から最も適当なものを一つ選べ。

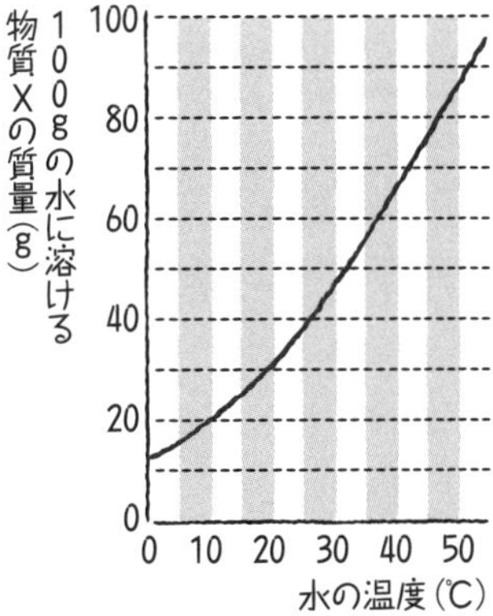

（15℃、25℃、35℃、45℃）

（正解）25℃

右の図からわかるように、40gが100g中に溶ける限界の温度は25℃前後です。それよりも低い温度では、100g中に物質Xが40g溶けることはできなくなります。

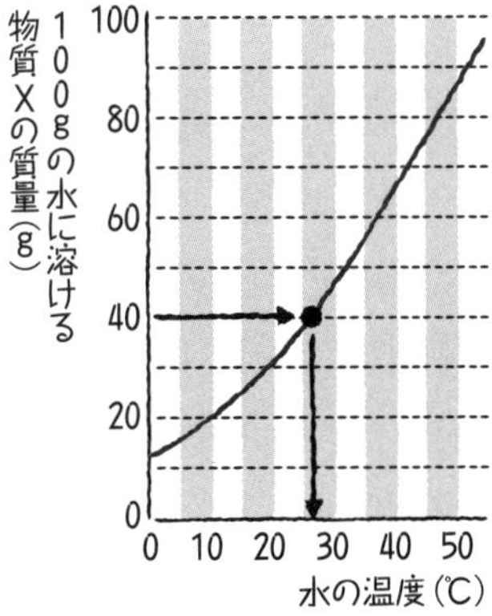

COLUMN

計算問題のコツとは？

化学の計算問題を解くには、問題の中の用語に関係する定義式をしっかり覚えておくことです。例えば、密度が問われたときには、

$$\text{物質の密度（g/cm}^3\text{）} = \frac{\text{物質の質量（g）}}{\text{物質の体積（cm}^3\text{）}}$$

という定義式を覚えていなければ、問題は全く解けません。

なお、その際に単位が何であるかも、しっかり覚えておく必要があります。上の密度の公式は、質量はグラム（g）で、体積は立方センチメートル（cm^3）で測られています。これを間違えると、とんでもない値が算出されることになります。

さて、計算問題を解くコツは、着目する量から目を離さないことです。例えば、本章で扱った濃度の問題では、溶質の質量に着目して、それを追い続けました。そうすることで、困難なく問題が解けました。他の場合もそうで、何に着目するかを常に意識して、それから目を離さないことです。視点がぼけると、簡単な問題も難問に変身します。

最近の中学生の多くは化学の計算問題が苦手です。その大きな理由は、比例式や分数の計算が苦手だからです。計算問題を解くコツを云々する前に、まずは基礎的な計算力が求められているようです。

第7章……化学変化と原子・分子

1 いろいろな化学変化

第4章で、化学で扱う変化には**状態変化**と**化学変化**があると説明しました。「状態変化」とは物質の物理的な性質のみが変わるだけで、別の物質に変わることはない変化です。それに対して「化学変化」とは元の物質そのものが変わる変化です。化学変化は**化学反応**ともいいます。本章と第8章では後者の化学変化(化学反応)について、詳しく説明していきます。

さて、これまでにも多くの化学変化を見てきました。炭酸水素ナトリウムを熱で分解したり、水素を酸素と結合させて水を作ったりしました。これら化学変化は実に多種多様ですが、それらをいろいろな角度から分類してみましょう。

(1)「おだやかな化学反応」と「激しい化学反応」

マグネシウムの固まりを放置すると、表面が白く変質していきます。これはマグネシウムが空気中の酸素と結合し、「さび」を生じたためです。同じマグネシウムでも、その粉末にマッチで点火すると、空気中の酸素と結合して爆発的に燃え上がります。このように、同じ化学変化でも、「おだやかなもの」と「激しいもの」があります。前者を**おだやかな化学反応**、後者を**激しい化学反応**と呼びます。

(2) 化合と分解

化合とは「2種類以上の物質が化学的に結合し、最初とは異なる物質ができる化学変化」のことで、**分解**とは、「１つの化合物が２つ以上の物質に分かれる化学変化」のことです。例えば、水素と酸素は「化合」して水を作り、逆に水は水素と酸素に「分解」されます。

化合

水素 ＋ 酸素 ⇄ 水

分解

（３）酸化と還元

物質と酸素とが結合する化学変化が**酸化**です。また、酸化物から酸素を取り除く変化が**還元**です。酸化の中でも特に光や炎を出して激しく反応する場合を**燃焼**といいます。

（４）中和

酸とアルカリが混ざったときに起こる反応のことを**中和**といいます。水酸化ナトリウム水溶液と塩酸を混ぜたときに起こる反応が、その典型です。

（５）発熱反応と吸熱反応

化学変化を起こすとき、ほとんどの場合、熱を発生したり、吸収したりします。その際、熱を発生する化学変化を**発熱反応**、熱を吸収する化学変化を**吸熱反応**といいます。

さまざまな角度から化学変化の分類をしましたが、これらはすべて原子、分子、そして後に紹介するイオンのイメージで説明できます。これから詳しく説明していくことにしましょう。

2 「おだやかな化学変化」と「激しい化学変化」

同じ化学変化でも、現象からすると大きく異なる変化があります。

過酸化水素水の分解の例で見てみます。常温で放置すると、観測できないくらい「おだやか」に水と酸素に分解されます。しかし、二酸化マンガンを加えると、酸素がプクプクと「激しく」出てきます。

また、鉄の繊維（スチールウール）の例で説明すると、放置すれば長い時間をかけ「おだやか」にさびます。しかし、ガスバーナーで加熱すると、空中の酸素と「激しく」反応して真っ赤に燃え、すぐにさびの固まりになります。

このように、化学変化には、**おだやかな化学変化と激しい化学変化**との２種類があります。そして、同じ化学変化でも、これらの例のように、実験環境によって異なる変化をします。

さて、このスチールウールの実験のように、酸素と結び付く化学反応が酸化です。特に、金属をガスバーナーで加熱する「激しい酸化」反応を金属の**燃焼**といいます。それに対して、金属の「おだやかな酸化」反応を「さびる」といいます。

激しい化学変化は熱や光を伴うので、とても目立ちます。そこで、「激しい化学変化」には目がとまりがちですが、それに対して、おだやかな化学変化はあまり目立ちません。しかし、自然を眺めると、身の回りに数多く観察できます。金属のさびもさることながら、むいたリンゴの変色、時間をおいた茶の変質、など生活の中にあふれています。

「おだやかな化学変化」は、大切な化学変化です。実際、現在話題になっている燃料電池は水素の「おだやかな酸化」を利用しています。また、呼吸という生命活動も、広い意味で「おだやかな酸化」です。近代化学の父と呼ばれているフランスの化学者ラヴォアジエは「呼吸とは体内におけるおだやかな燃焼である」と論じました。短絡的な類比かもしれませんが、一つの見方ではあります。

激しい酸化、つまり燃焼のときには熱が出ます。これは見ればすぐにわかります。ところで、おだやかな化学反応「さびる」ときに、熱は出ているのでしょうか？　答えは「イエス」です。「おだやかな化学反応」のときにも、ゆっくりではありますが、通常、熱の出入りがあります。しかし、反応がゆっくりのために、あまり熱を感じません。

実際に、「おだやか」な化学反応「さび」の熱を利用している身の回りの商品があります。それは「使い捨てカイロ」で、鉄がさびる際の発熱を利用しています（§7）。また、「冷却パック」という名称で売られている冷却材も、「おだやか」な化学反応を利用しています。薬品が水に溶けるときに、「おだやかに」熱を奪う性質を利用したものです（§6）。

3 「化合」と「分解」は逆の化学変化

§1で**化合**とは「2種類以上の物質が化学的に結合し、最初とは異なる物質ができる化学変化」。**分解**とは、その逆で、「1つの化合物が2つ以上の異なる物質に分かれる化学変化」と説明しました。

化合の例としては、炭の燃焼が最も身近でしょう。炭が燃えるとき、炭の中の炭素と空中の酸素が化合して二酸化炭素が発生します。

炭素（C）＋空中の酸素（O_2）→ 二酸化炭素（CO_2）

また、酸素が欠乏すると、次の化合も起こります。

炭素（C）＋空中の酸素（O_2）→ 一酸化炭素（CO）

この化合が一酸化炭素中毒の原因です。

分解の例としては、炭酸水素ナトリウムを熱した分解が有名です（第3章§9）。炭酸水素ナトリウムは、二酸化炭素（CO_2）と水（H_2O）、炭酸ナトリウム（Na_2CO_3）に「分解」されます。

ちなみに、ケーキの生地に炭酸水素ナトリウムの入ったベーキングパウダーを入れるのは、この分解で生成される二酸化炭素を利用するためです。これによって、ケーキをふんわり膨らませることができます。

また、次の図のように、酸化銀を加熱しても分解の反応を見

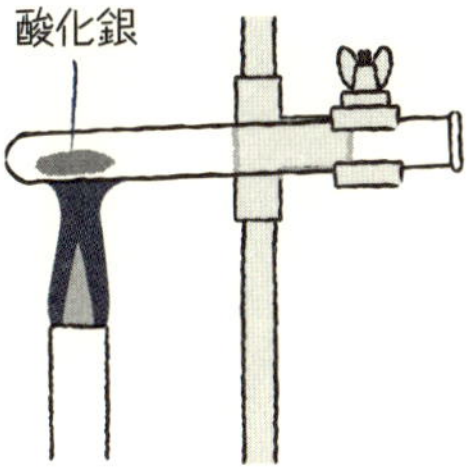

ることができます。熱のエネルギーを得て、酸化銀を作っている銀と酸素がバラバラになります。試しに、図の試験管の入り口に火をつけた線香を近付けてみましょう。勢いよく燃え出します。酸素が発生している証拠です。

酸化銀（Ag_2O）→ 銀（Ag）＋酸素（O_2）

以上の例からわかるように、分解は、通常、外からエネルギーをもらって行われます。上の場合にはガスバーナーから熱エネルギーを得ています。これを**熱分解**といいます。

熱分解は石油化学工業の基本です。例えば、石油精製の蒸留（第 4 章§4 ）でナフサという物質が生まれますが、ナフサを熱分解することで、エチレン、ベンゼン、トルエンなど、工業化学では代表的な化学物質が生成されます。

分解では、**電気分解**も有名です。物質は電流からエネルギーをもらい、異なる物質に分解するのです。水の電気分解は、典型的な電気分解です。

水（H_2O）→ 水素（H_2）＋ 酸素（O_2）

バクテリアによって、有機物が水と二酸化炭素などに分解されるのも「分解」といえます。

4 酸化と酸化物

§1で説明したように、物質と酸素が結合する化学変化が**酸化**です。酸化によって得られた物質を**酸化物**といいます。

酸化は、化学変化の中でもっとも身近なものでしょう。

例えば、湯を沸かすためにガスに点火したとしましょう。このとき、ガス成分の炭素と水素とが空気中の酸素と結び付き、炎を出して激しく酸化、すなわち**燃焼**しているのです。

また、鉄のクギを放置すると、表面が赤く変色していきます。「さび」が生成されているのです。これも酸化現象です。鉄と空気中の酸素が結び付いて、酸化された鉄が生まれたのです。この時に発生する熱を利用するのが「使い捨てカイロ」であることは、§2で説明しました。

さらに、私たちは一時も休まず呼吸をしていますが、これは空気中の酸素を取り入れ、体内の栄養素を酸化し、エネルギーを得ているのです。

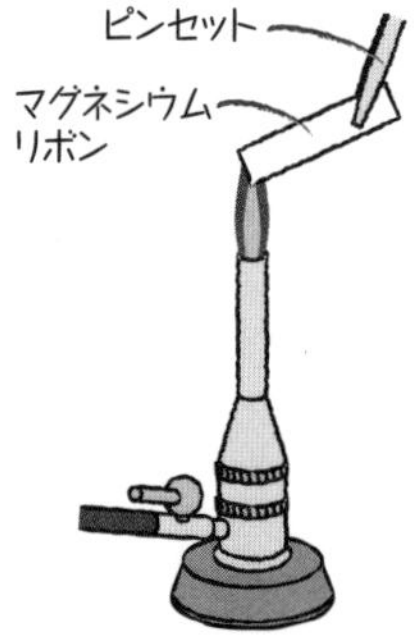

中学校の理科で、最も人気のある実験の一つがマグネシウムリボンの酸化（燃焼）です。右の図のように、マグネシウム金属の薄片をガスバーナーで熱すると、まぶしいほど強い光を出して燃え出します。これは、次の酸化が進行した結果です。

マグネシウム（Mg）＋酸素（O_2）→酸化マグネシウム（MgO）

酸化マグネシウムは金属の性質を失い、金属光沢もなく、電気も通さず、塩酸にも反応しません。多くの化学変化と同様に、酸化後には全く異なる性質の物質が生まれるのです。

ちなみに、細かい粉末のマグネシウムは、半世紀ほど以前には「マグネシア」と呼ばれ、写真のフラッシュとして利用されていました。古い映画を見ると「マグネシアをたく」場面が現れますが、これは上の酸化反応を利用していたのです。

地球上の金属は、その多くが酸化物として鉱山から産出されます。酸化鉄、酸化アルミニウム、酸化銅など、ほとんどに「酸化」という冠詞が付けられています。そして、§5で説明する**還元**という反応を利用して、金属が取り出されています。

最後に、食品の観点から、酸化を調べてみましょう。食品が酸化すると、その品質が低下したり、変質したりします。困った化学変化なのですね。リンゴをむくと赤く変色し、見た目が悪くなるのは、その典型です。

そこで、食品の質を保つために、おみやげの菓子箱などには、酸化防止剤という小さな袋が入れられています。酸素を吸収しやすい、すなわち酸化されやすい物質が利用されています。ビタミンCやカテキンなどが有名です。

5 「還元」は「酸化」の逆の化学変化

物質と酸素とが結び付く化学変化が**酸化**です。また、酸化物から酸素を取り除く変化が**還元**です。還元の実験例として、右の図のような装置を考えてみましょう。

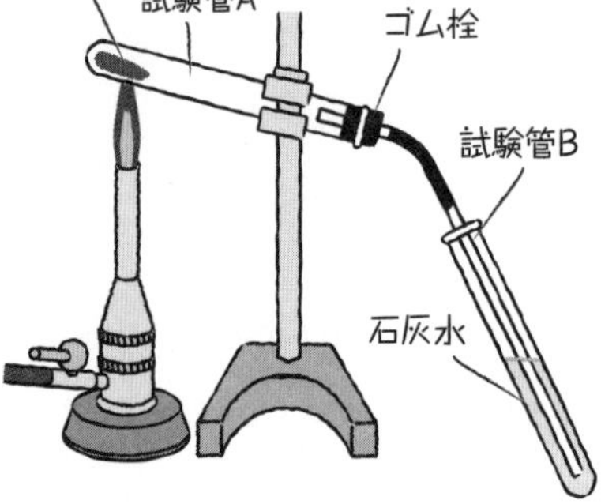

試験管Aには、酸化銅と炭素粉末をよく混ぜた混合物を入れます。そして、加熱します。すると、何と金属の銅が生成されるのです。そして、試験管Bに入った石灰水は白濁するので、二酸化炭素が出てきたことが確認できます。これは、次のような化学変化が起こっているのです。

酸化銅（CuO）＋炭素（C）→ 銅（Cu）＋二酸化炭素（CO_2）

酸素がくっついていた銅から、その酸素が取り除かれる化学変化、つまり還元が起こったのです。

還元は、資源活用の面から特に重要です。例えば、鉄鉱石から鉄を取り出す製鉄所では、石炭を利用して還元反応を行っています。

さて、ここで、「酸化」と「還元」は同時に起こっていることに注意しましょう。この酸化銅の還元の実験では、酸化銅

(CuO) は還元されて銅 (Cu) となりましたが、炭素 (C) は酸化されて二酸化炭素 (CO_2) になっています。

中学生に人気の高い実験を一つ紹介します。マグネシウムリボンによる二酸化炭素の還元実験です。

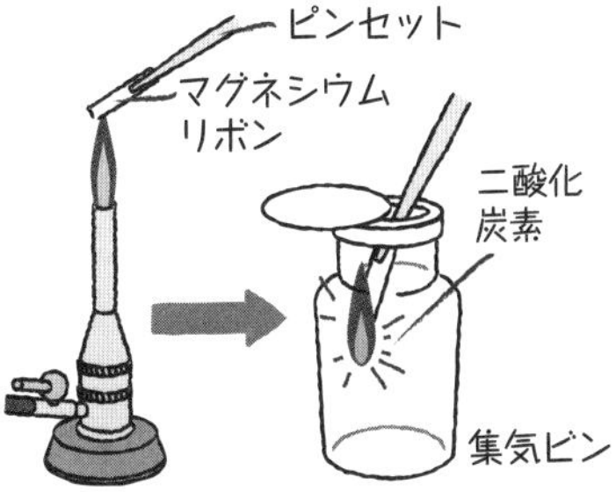

右の図のようにマグネシウムリボンに点火し、それを二酸化炭素の入った集気ビンに入れます。すると、マグネシウムリボンは激しく燃え続け、炭素が集気ビンに付着します。「二酸化炭素は燃えつきた気体なのに！」と思っていた中学生は、とてもびっくりします。これは、二酸化炭素の酸素をマグネシウムが奪う還元反応です。

二酸化炭素 (CO_2) ＋マグネシウム (Mg)
→ 炭素 (C) ＋酸化マグネシウム (MgO)

つまり、炭素と酸素の結び付きの強さよりも、マグネシウムと酸素の結び付きの強さの方が大きいので、マグネシウムが炭素から酸素を奪ってしまう反応なのです。

酸化と還元は、現代ではもう少し一般的にとらえられていますが、それは高校の化学で学習する内容になっています。

6 化学変化には熱がつきもの

化学変化には熱の出入りがつきものです。例えば、紙に火をつければ燃え出して熱を出すことは、日常の経験上、誰もが知っています。また、炭酸水素ナトリウム（$NaHCO_3$）は熱すると二酸化炭素（CO_2）と水（H_2O）、炭酸ナトリウム（Na_2CO_3）に「分解」しますが、この反応は外からの「熱を吸収して」実現されるわけです。

化学反応に熱を伴うのは、反応が起こる原理に由来します。例えば、酸素と水素が結合するのは、結合してより安定する構造、水になるためです。「安定する」というのは、エネルギーの少ない状態になることです。こうして水が生成されますが、分子のエネルギーが少なくなる分、熱として外に発散されます。

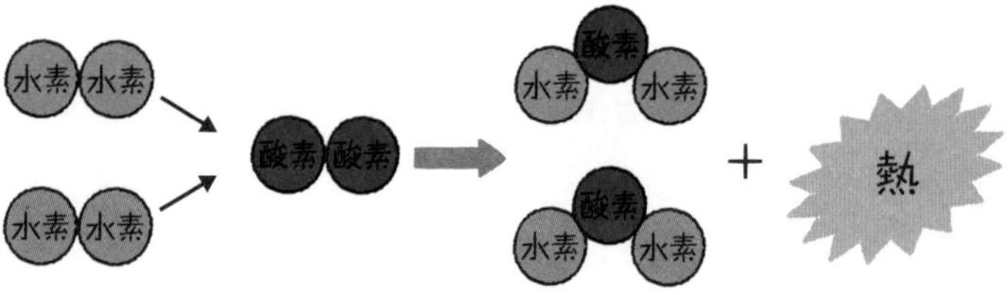

化学変化に伴う熱を**反応熱**といいます。その反応熱も、化学変化の状況に応じて、特別な名前が付けられるときがあります。例えば、酸とアルカリが中和するときに発生する熱を**中和熱**、

溶質が溶媒に溶けるときに出入りする熱を**溶解熱**といいます。

加熱などしなくても自発的に起こる化学反応は、多くの場合**発熱反応**となります。燃焼がその典型例です。ところが、自発的に起こる化学反応でも、外から熱を吸収する**吸熱反応**があります。

自発的に起こる化学変化で、吸熱反応が起こるのは意外に思われるかもしれません。しかし、身近にその商品があります。「冷却パック」などと呼ばれる冷却剤です。

このパックには、袋の中にもう一つの袋が入っています。たたいたり曲げたりすると、その中の袋が破れ、薬品が混じり合い、そのときの吸熱反応で温度が下がる仕組みになっています。

多くの冷却パックの中袋には水が入っています。それが破れると、外袋に入った硝酸アンモニウム、尿素に混じり合います。これらは水に溶けると、まわりから熱を奪う性質があります。ちなみに、食塩も、水に溶けるとまわりから熱を奪う物質の一つです。

では、どうして混ぜ合わせると熱が下がるのでしょうか？この答えは**エントロピー**という概念を理解しなければわかりません。これは、物質はバラバラになりたいという性質があり、まわりの熱を奪ってでもそれを実現しようとすることです。このエントロピーについては、大学で学ぶ内容になります。

7　使い捨てカイロの秘密

本章§2 でも説明しましたが、使い捨てカイロの仕組みについて詳しく見ていきます。この仕組みは、化学の発熱反応の良い例として、いろいろな場で取り上げられるからです。

使い捨てカイロの基本は鉄の**酸化**です。鉄が酸化するときに発生する熱を利用するのです。

次の問題は、公立高校の入試問題です。

（問）右の図のように、振って熱くなったカイロを大型メスシリンダーの中にセロハンテープではり付けて、水の入った水槽内に逆さに立てておいた。1 日後には、メスシリンダー内の気体の体積が減少し、メスシリンダー内の水面が上昇していた。1日後のメスシリンダー内の気体でもっとも多いのは何か、物質名で答えよ。

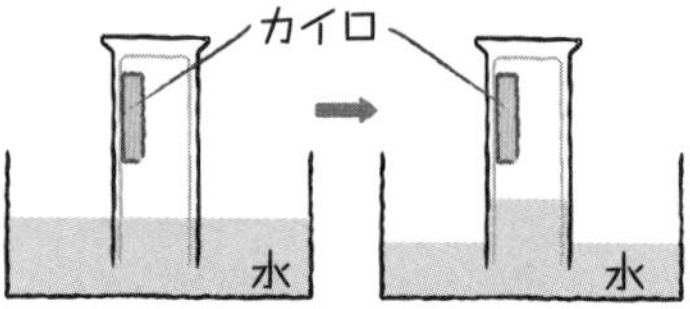

（正解）窒素

使い捨てカイロの仕組みは、§6 で説明した**反応熱**の利用です。カイロの中には鉄粉が入っています。鉄をぬれたまま放置しておくと「さび」が出ますが、これは鉄が空気中の酸素と反応して酸化鉄になる化学反応です。この化学反応で発生する熱を利用したものがカイロです。

問を見てください。カイロは密封された空間で化学反応を起こしています。鉄が酸素と結び付くため、密封された空間では酸素がどんどん消費されます。そのため、メスシリンダーの中の酸素は失われ、封入された空気の主成分の窒素が残ります。実験後の図で、メスシリンダーの中で水位が上昇しているのは、酸素がなくなり気圧が減少したからです。

カイロの中身をもう少し詳しく説明すると、密封された袋の中には、鉄粉を主成分として、水分と塩（塩化ナトリウム）、活性炭などが入っています。水と塩が入っているのは、開封したときに、鉄と酸素が反応する速度を促進するためです。活性炭は空気中の酸素を吸着して、酸素の濃度を高め、鉄と酸素との反応を速めます。

鉄が細かい粉となって封入されているのは、表面積を増やすためです。鉄道のレールのさびや公園の鉄棒のさびを触っても暖かくありませんが、それは発熱してもすぐに冷めてしまうからです。粉末状にして表面積を大きくすれば、冷める以上に熱が出るので、熱さを保てます。

一度、使い終わったカイロを破り、中の鉄粉を見てください。赤くさびていることが確認できます。また、磁石を近付けても吸い寄せられません。鉄の性質を失った「酸化された鉄」になっているからです。

8 電気分解とその応用

うすい水酸化ナトリウムの水溶液に電気を流してみましょう。どんな化学変化が起きるでしょうか？　第3章§3で説明したように、水が分解され、水素と酸素が発生します。

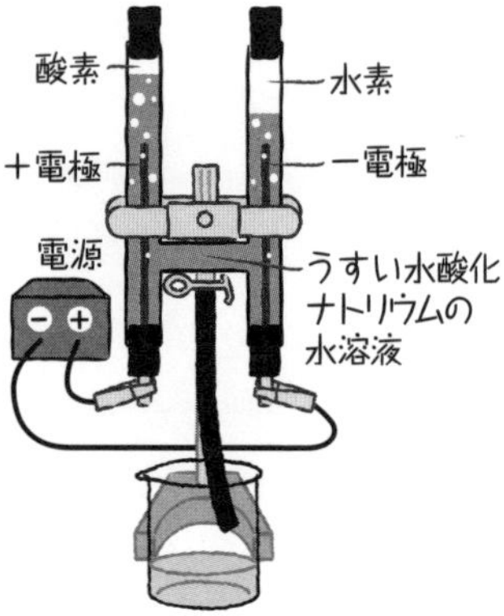

これを水の**電気分解**といいます。電気のエネルギーによって、水の分子が分解され、元の物質の水素と酸素が生成されたのです。

水（H_2O）→ 水素（H_2）＋酸素（O_2）

これは、次の図のような原子のイメージで理解することができます。

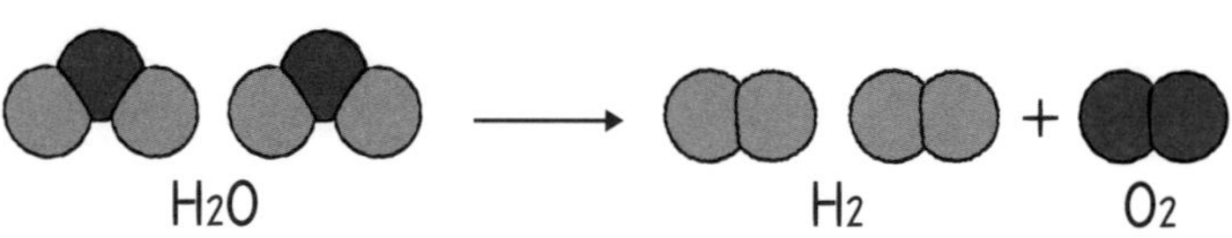

さて、電気分解できるのは水だけなのでしょうか？　答えは「ノー」です。物質に強い電流を流すと、物質が分解され、それを構成する元の物質が生成されます。

例えば、食塩の主成分である塩化ナトリウムに高い電圧をかけ、電流を流してみましょう。すると、その構成物質である塩素とナトリウムに分解されます。

塩化ナトリウム（$NaCl$）→ 塩素（Cl_2）＋ナトリウム（Na）

また、アルミニウム金属の原料となる酸化アルミニウムに高い電圧をかけ、電流を流してみると、その構成物質である酸素とアルミニウムに分解されます。

酸化アルミニウム（Al_2O_3）→酸素（O_2）＋アルミニウム（Al）

これらの例からわかるように、電気分解は化合物から金属を取り出す強力な手段なのです。

さて、酸化物から酸素を取り除く変化が**還元**です。水やアルミニウムの電気分解は、元の物質から酸素を取り除いています。この意味から、電気分解は還元反応です。

アルミニウムに言及したついでに、関係する有名な話を紹介します。アルミニウムの原材料となるのは**ボーキサイト**という鉱石です。そのボーキサイトから主成分である酸化アルミニウムを抽出し、電気分解してアルミニウムを作ります。この製法からわかるように、アルミニウムを作るには大量の電力が必要となります。水力発電で安い電力が得られる中国やロシアなどが原産国になる理由はここにあるのです。

9 化学変化と「質量保存の法則」

塩化ナトリウム10gを水100gに溶かしてみましょう。得られた水溶液の質量はいくらになるでしょうか？　答えは単純です。次の式から110gです。

塩化ナトリウム10g＋水100g＝110g

この当然のような法則を一般化したものが**質量保存の法則**です。「化学変化や状態変化の前後で全体の質量は変わらない」とする法則です。

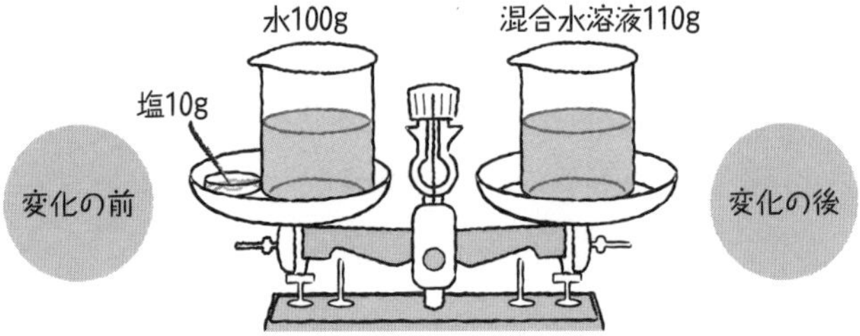

では、なぜこのようなことが法則とされたのでしょうか？それは、「見掛け上」は、多くの化学変化の後に質量が変わるからです。例えば炭酸水素ナトリウムを熱分解する前の質量と、実験後に残った質量では、その値が見掛け上変化しています。

科学文明に親しんでいる私たちにとって、この例の説明は簡単です。「炭酸水素ナトリウムが分解して炭酸ナトリウムと水と二酸化炭素に分離し、その二酸化炭素と水が飛び去った」からだと。しかし、昔の人にとっては、見えない二酸化炭素や水が関与していることなど、想像できなかったことでしょう。

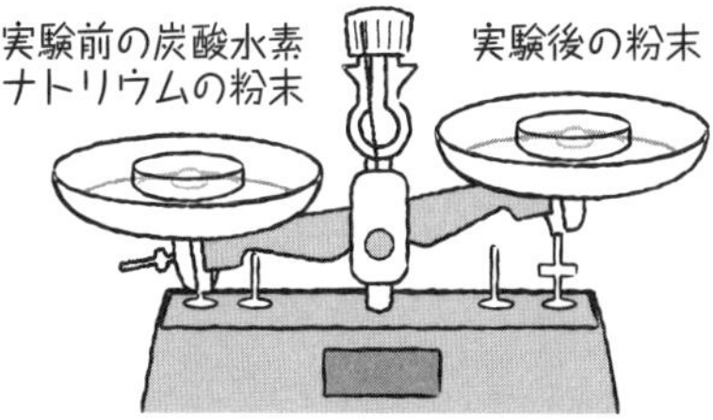

そこで、科学上の法則として、「化学反応前後で質量が不変である」という宣言をすることが重要となってくるのです。反応前後で質量が変わっていれば、それは未知の物質が飛び去って行ったと考えるべきだ、というのが質量保存の法則なのです。

質量保存の法則は、すべての化学変化で成立する大切な法則です。しかし、この法則は厳密な意味では成立しません。この不成立を最初に人類が利用したものが原子爆弾です。

原子爆弾は爆発前後の質量差を、爆弾のエネルギーとして利用します。有名なアインシュタインの公式

エネルギー＝mc^2（mは質量差、cは光の速さ）

が、その基礎になっています。

このように、化学の世界では成り立っても、物理の世界では成り立たないことがあります。自然を語るときには注意が必要です。

10 化学変化に見られる法則性

これまで、物質が原子や分子からできているということを当然のように利用してきました。しかし、物質が原子や分子からできていることを人類が確認するのは、200年ほど前で、遠い昔ではありません。ここでは、このことについて考えてみましょう。

マグネシウムの燃焼実験を例に見ていきます。マグネシウムの質量を変えながら、そのマグネシウムと化合する酸素の質量を調べるのです。その実験結果は右のグラフのようになります。これからわかることは、マグネシウムの質量と、それに化合する酸素の質量の比は一定ということです。これを**定比例の法則**といいます。

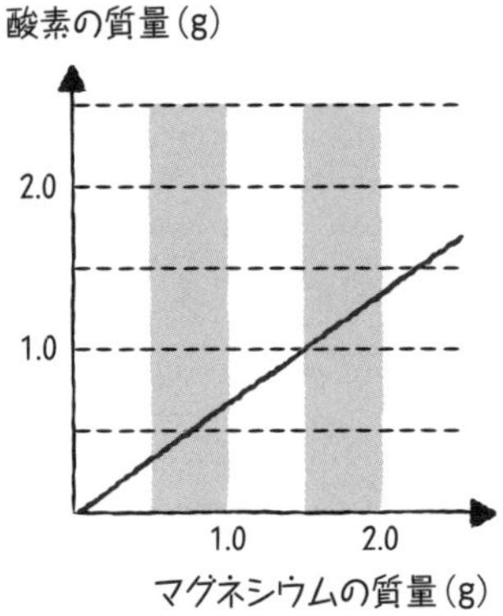

また、右の図のような酸素と水素の化合の実験で考えてみます。

酸素の体積を固定し、水素の体積をいろいろと変化させてみます。すると、酸素とそれに化合する水素の体積比は 1：2 であることが

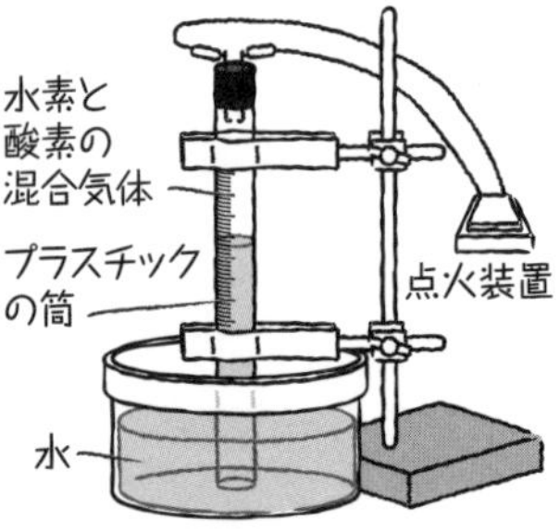

わかりました。このような装置でいろいろな気体の反応を調べると、反応する気体の体積の比は、常に簡単な整数比になることがわかります。これを**気体反応の法則**といいます。

以上のことは、現代的な原子や分子のイメージからは明らかなことです。例えばマグネシウムの実験では、マグネシウム原子２個と酸素分子１個が反応するのですから、反応する物質の質量の割合が常に一定であることは明らかです。

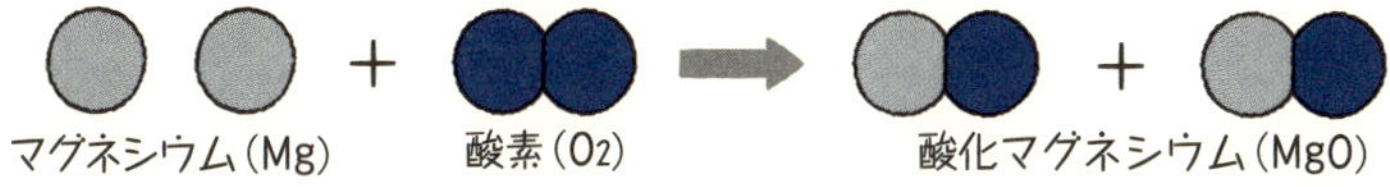

酸素と水素の実験にしても、分子数と体積とが比例すると仮定すれば、反応する気体の体積比は常に簡単な整数比になることは、下の図からも明らかです。

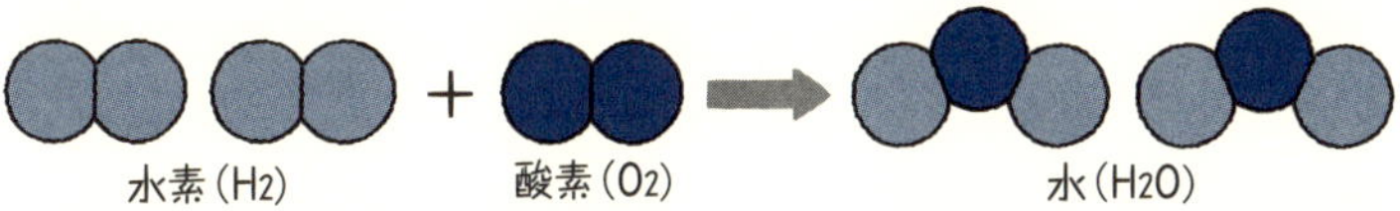

しかし、原子や分子のイメージがなかったら、これらをどう説明するでしょうか？　200年前にはそのイメージがありませんでした。逆に、このような実験から上記の原子や分子の反応のイメージを作り上げ、現代化学を構築してきたのです。

11 化学式と化学反応式

これまで、化学反応を表すのに、次のような図を利用してきました。

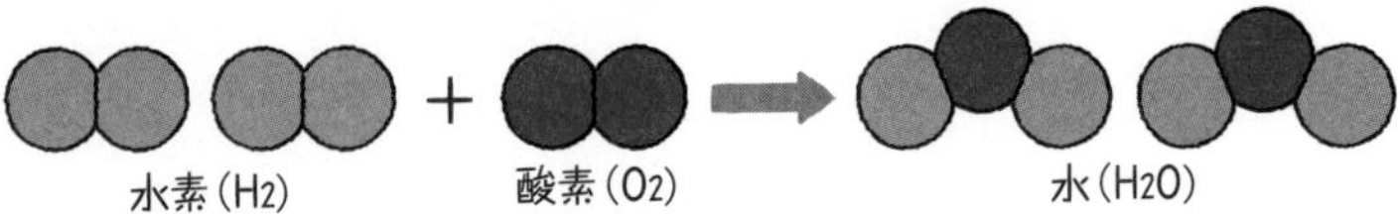

また、次のようにも表現してきました。

水素（H_2）＋酸素（O_2）→ 水（H_2O）

しかし、このような表現はくどい感じがしてなりません。そこで、もっとシンプルな表現法が利用されています。

まず、物質を表す**化学式**について説明します。この式は物質を、**原子の記号（元素記号）**を用いて書き表したもので、次の表のように示せます。

物質名	化学式	物質名	化学式
水素	H_2	塩酸	HCl
酸素	O_2	塩化ナトリウム	$NaCl$
水	H_2O	酸化銀	Ag_2O
二酸化炭素	CO_2	炭酸水素ナトリウム	$NaHCO_3$

添え字となっている数字は、原子の個数を表します。O_2とは酸素原子が2個からなることを、H_2Oとは水素原子が2個と酸素原子1個があることを表現しています。

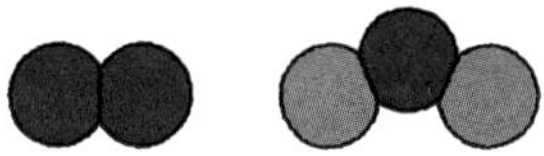

酸素(O_2)　水(H_2O)

これら化学式を利用して化学変化の過程を表現したものが**化学反応式**です。例えば、左上の図に示した水の生成の式は、次のように簡潔に表現されます。

$$2H_2 + O_2 \rightarrow 2H_2O$$

左上に示した図のイメージ、つまり、原子・分子の結合のイメージをこの式から思い描けるようにしてください。ちなみに、「$2H_2$」とは水素分子(H_2)が2個あることを示しています。

さて、ここで化学式の留意点について説明します。塩化ナトリウムの化学式NaClを例に見てみましょう。このNaClには、化学式H_2、H_2Oなどと異なり、それが表す分子は存在しません。H_2、H_2Oには水素分子や水分子という実体があり、分子として、1個1個を取り出せます。それに対して、塩化ナトリウムNaClは、結晶の中での組成比を表しているのにすぎないため、NaClを1組だけ化学的に取り出すことはできないのです。

(注) NaClを塩の**組成式**といいます。

12 化学反応式の作り方

化学変化を化学式で表したものを**化学反応式**といいます。その書き方についてここでまとめておきます。

基本的な原理は、原子が消えたり増加したりしないことです。後は、反応前の化学式と反応後の化学式をしっかり押さえれば、化学反応式を完成できます。

水の化合の化学反応式を例にして、その書き方を確認してみましょう。

(1) 反応前の化学式と反応後の化学式をしっかり押さえます。次のように、言葉で反応前後の物質名を書いておくことをお勧めします。その際、反応前の物質名を左辺に、反応後に生成した物質名を右辺に書き、「→」で結びます。

水素＋酸素→水

(2) (1) で作成した物質名をとりあえず化学式に置き換えます。

$H_2 + O_2 \rightarrow H_2O$ … ①

(3) 左辺と右辺で、それぞれの原子の数が同じになるように化学式の前に係数を付けます。係数は、それが掛けられた分子や原子などの個数を表します。

上の式①では、左辺の酸素原子は2個あるので、右辺にも2個必要です。そこで、次のようにします。

$H_2 + O_2 \rightarrow 2\,H_2O$

すると、右辺で水素原子が4個になってしまうので、左辺の水素原子も4個にしなければなりません。したがって、

$2H_2 + O_2 \rightarrow 2H_2O$

これで完成です。

この例からわかるように、化学式の係数は最も簡単な整数比になるようにします。係数が1の場合は省略します。

次に、もう少し難しい炭酸水素ナトリウムの熱分解の化学反応式を作ってみましょう。まず（1）に従って、

炭酸水素ナトリウム → 炭酸ナトリウム ＋ 水 ＋ 二酸化炭素

さらに、(2) に従って、

$NaHCO_3 \rightarrow Na_2CO_3 + H_2O + CO_2$ … ②

(3) に進みます。ナトリウム（Na）に着目してみましょう。式②の右辺では2個のナトリウム原子があります。そこで、左辺のナトリウムも2個にするために、係数2を付けます。

$2NaHCO_3 \rightarrow Na_2CO_3 + H_2O + CO_2$ … ③

すると、左辺と右辺で炭素の数2個、水素の数2個、酸素の数6個で一致しています。これで、炭酸水素ナトリウムの熱分解の化学反応式が完成しました。

COLUMN

いろいろなエネルギー

化学反応を起こす場合、それを左右するものに、エネルギーがあります。エネルギーは、一言で説明するには複雑すぎますが、「変化を起こさせる源」のようなものです。エネルギーが大きければ、より大きな作用を与えることができます。

多くの場合、2 つの物質が反応するとき、エネルギーが放出されます。そのエネルギーを私たちはいろいろな形で生活に役立てています。本章では使い捨てカイロを紹介しましたが、それ以外でも化学反応のエネルギーはさまざまな場面で利用されています。自動車を動かす際にも、ガスを燃やして調理する際にも、化学反応のエネルギーが用いられているのです。このように、化学反応で得られるエネルギーを**化学的エネルギー**といいます。

さて、エネルギーにはいろいろな名前が付けられています。例えば、風が風車を回すという場合には、物質の反応は関係していません。風の力がエネルギーを起こしているのです。このようなエネルギーを**力学的エネルギー**といいます。

また、風車の回る力で発電ができ、そこで得られた電気はさらにさまざまな仕事に使われます。すなわち電気はエネルギーの塊です。これを**電気エネルギー**といいます。このように、エネルギーはいろいろと姿を変え、名称を変えます。

第8章……イオンと酸・アルカリ・塩

1 真水には電気が流れない！

電気器具には、「体が水にぬれると電気が通りやすくなります」「ぬれた手で電気器具を扱うのはやめましょう」といった注意書きがよく貼られていますね。しかし、真水（つまり純粋な水＝蒸留水）は電気を通しにくいことはよく知られています。試しに、蒸留水をよく洗ったビーカーに入れ、右の図のような簡単な実験をしてみましょう。すると、豆電球は点灯しないのです。すなわち、真水では電気が流れにくいのです！

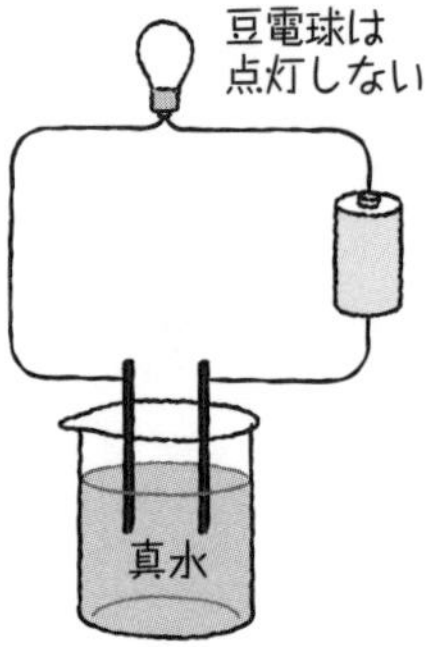

「水が電気を通しやすい」という私たちの常識はどこから生まれるのでしょうか？　それは、普通の水は、水以外の物質が混ざった水溶液となっているからです。水にある種の物質が混ざっていると、その水は電気を通しやすくなるのです。では、どんな物質が入ると、電気は通りやすくなるのでしょうか？

電気が流れるためには、電気の運搬役が必要です。金属が電気を通しやすいのは、金属内部に動きやすい電子があり、それが運搬役となるからです。では、水が電気を通す水溶液になるには、何が電気の運搬役になればよいのでしょうか？　その答えが**イオン**です。

食塩で調べてみましょう。食塩は塩化ナトリウムが主な原料です。最初に紹介した実験装置の真水に、食塩を混ぜます。すると豆電球が点灯し、電気が通ったことがわかります。塩化ナトリウムが水に入ると、正の電気を帯びたナトリウム原子と負の電気を帯びた塩素原子に分離され、それら電気を帯びた原子が電気を流す運搬役になるためです。

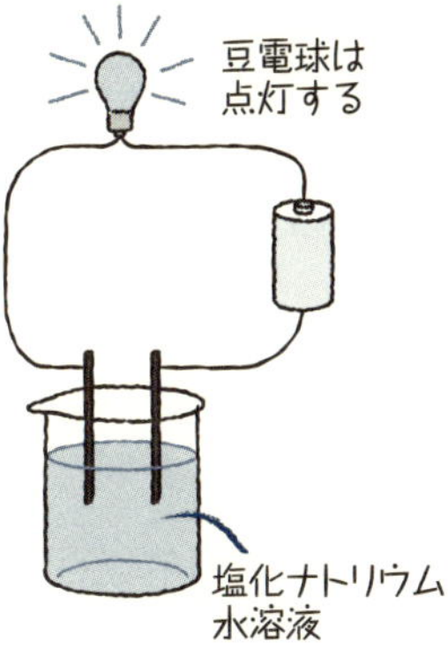

塩化ナトリウムの例でいうと、ナトリウム原子のように、正の電気を帯びた原子のことを**陽イオン**、塩素原子のように負の電気を帯びた原子のことを**陰イオン**といいます（電子を帯びた原子はそれぞれ、**ナトリウムイオン**、**塩化物イオン**といいます）。そして、水の中で陽イオンと陰イオンに分離することを**電離**と呼びます。これら電離されバラバラになった陽イオンと陰イオンが、電気を運ぶための運搬役になるのです。

また、水に溶けて電離し、電気を通しやすくする溶質を**電解質**といい、その溶液を**電解質水溶液**といいます。逆に、電解しない物質を水に入れても電気はほとんど流れません。このような物質を**非電解質**といいます。砂糖は非電解質の典型です。砂糖水は電気を通しにくい性質があるのです。

2 原子とイオンはどう違う？

§１では水溶液が電気を通す場合、溶質としての電解質が電離して**イオン**になっていると説明しました。ここでは、そのイオンの実体を見てみましょう。

再び食塩水を例に出します。食塩は代表的な電解質で、塩化ナトリウムが主成分です。§１で説明したように、塩化ナトリウムは水の中で負の電気を帯びた**塩化物イオン**と正の電気を帯びた**ナトリウムイオン**に電離します。

塩素もナトリウムも原子ですが、それらはどのような形でイオンに変身しているのでしょうか?

まず、ナトリウムイオンです。ナトリウム原子は電子を11個持っていますが、そのうち一番外側に存在する１個を失いやすい性質があります。電子は負の電気を持っているので、電子を失ったナトリウムは正の電気を持つことになります。これが食塩水の中のナトリウムイオンの姿です。

次に塩化物イオンです。塩素原子は電子を１個受け取りやすい性質があります。負の電気を持った電子を一つ余分に受け取った塩素は、

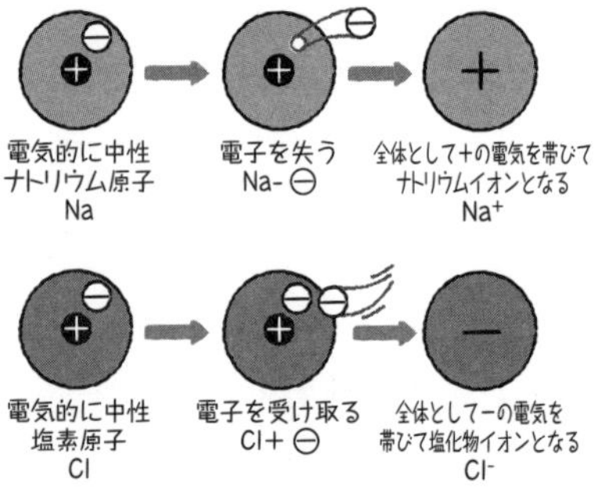

負の電気を持つことになります。これが食塩水の中の塩化物イオンの姿です。

一般的に、**陽イオン**は「原子や分子から電子が何個か失われたもの」です。それに対して**陰イオン**は「原子や分子に電子が何個かくっついたもの」です。

ではイオンは、どのように表現するのでしょうか？　ナトリウムは原子の記号でNaですが、ナトリウムイオンはNa^+と表現します。原子の記号の右上に、「正の電気を帯びていることを表す＋の記号」を付けて表現します。

一方、塩素は原子の記号でClですが、塩化物イオンはCl^-と表現します。原子の記号の右上に、「負の電気を帯びていることを表す－の記号」を付けて表現します。

この電離の様子を式で表すと、次のようになります。

$$NaCl \rightarrow Na^+ + Cl^-$$

イオンは原子だけから生まれるとは限りません。水酸化ナトリウムを例とします。水酸化ナトリウムも電解質で、水溶液はよく電気を通します。

水酸化ナトリウムはNaOHと表わされますが、水溶液中では正の電気を帯びたナトリウムイオンNa^+と、負の電気を帯びた水酸化物イオンOH^-に電離します。

3 電気分解の仕組み

これまでも何度か**電気分解**については言及してきましたが、ここで改めて仕組みについて調べてみましょう。

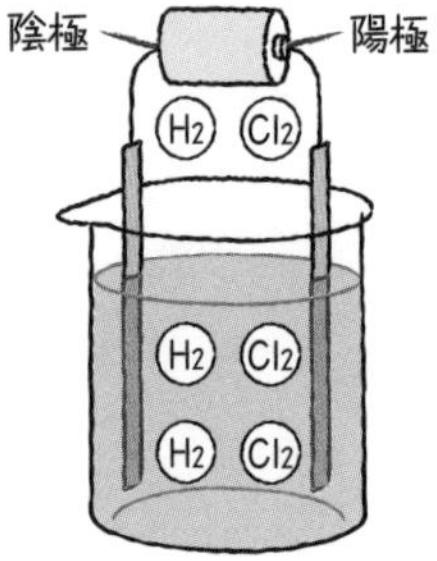

塩酸の水溶液に炭素棒の電極を置き、直流の電気を流してみましょう。電極にうすく泡が付いているのに気がつきます。調べると、陽極には塩素の気体が、陰極には水素の気体が発生していることがわかります。塩酸は水素と酸素が結合してできた塩化水素の水溶液ですが、その成分が電気分解され、気泡として出てきたのです。

$$2HCl \rightarrow H_2 + Cl_2$$

電気が流れると、塩酸はどうして水素と酸素に分解されるのでしょうか？　その仕組みを、順を追って説明します。

次の図を見てください。図①のように、塩酸の中で正の電気を帯びた**水素イオン**は陰極に、負の電気を帯びた**塩化物イオン**は陽極に

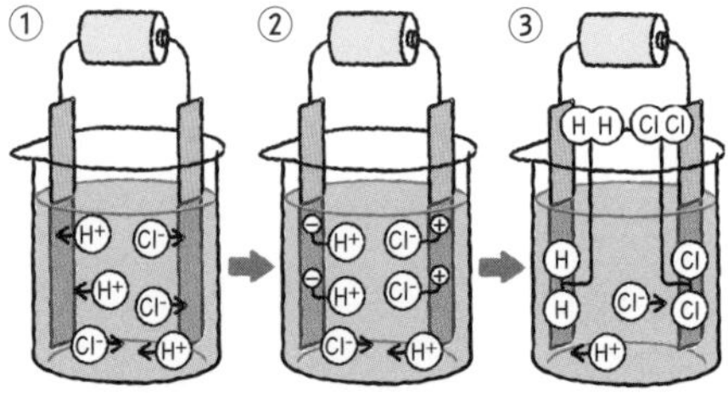

引き寄せられます。

次に、図②のように、電極から電気をもらい、イオンの状態から原子の状態に戻ります。さらに、図③のように、それらは分子を作り、外に放出されます。これが塩酸の電気分解の仕組みです。

うすい水酸化ナトリウム水溶液の電気分解についても見ていきましょう。水溶液の中では次の分解が起こっていて、この水素イオンが**陽イオン**の主役になることに注意が必要です。

$$H_2O \rightarrow H^+ + OH^-$$

そして、水酸化ナトリウム水溶液の電気分解は塩酸の電気分解と同じ過程をたどります。陽極に**水酸化物イオン**OH^-が、陰極に**水素イオン**H^+が引き寄せられ、そこで電気をもらって気体になります。こうして、水酸化ナトリウム水溶液から水素と酸素が放出されるのです。これが水の電気分解の仕組みです。ちなみに、陽極では次の複雑な反応が起こっています。

$$4\,OH^- \rightarrow 2\,H_2O + O_2$$

ところで、水酸化ナトリウムの成分である**ナトリウムイオン**Na^+が外に放出されないのはどうしてでしょうか？　それはナトリウムイオンが水素イオンより水にとどまりやすいためです。電気分解の役割には直接関与しないのです。

4 電池の仕組み

§3では水溶液の電気分解について説明しました。ここでは、もう一つの代表的なイオンの応用である**電池**について紹介していきます。

①

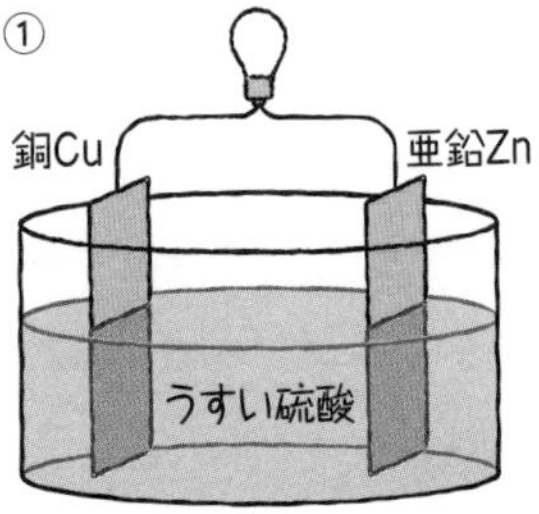

電池の仕組みを説明する場合には、歴史的に最初に作られた**ボルタの電池**で見ていくのが良いでしょう。これはうすい硫酸液に銅と亜鉛の板を入れたものです（図①）。この電池が電気を作る仕組みをイオンの動きで説明していきます。

②

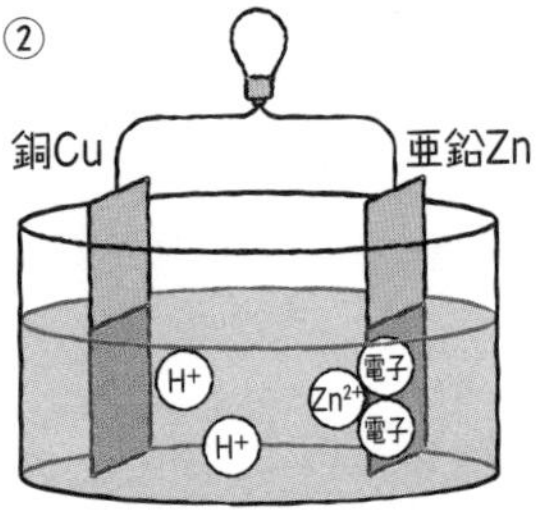

まず、うすい硫酸水溶液に溶けやすい亜鉛が、亜鉛板の表面から**陽イオン**として遊離します。すると、元の亜鉛板には**電子**が残ります（図②）。

③

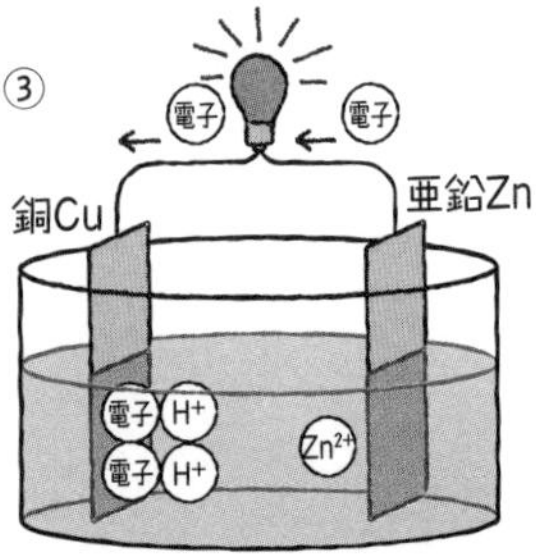

その結果、亜鉛板の中の電子同士は反発し、導線で結ばれているもう一方の銅板に向かいます（図③）。すなわち電気が流れたのです！

銅板の電子に引き寄せられて、水溶液中の水素が集まり、水素が発生します（図④）。

こうして、亜鉛板に生まれた電子は水素を発生して旅を終えます。

④

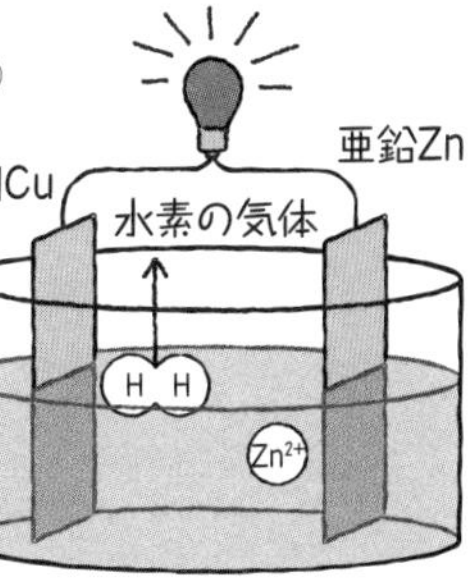

以上の①〜④はサイクルとして持続可能です。そこで、電気が流れ続けることになります。これがボルタの電池の原理です。

人類が電池を手に入れたことは、科学史的に非常に大切な意味を持ちます。それまでは静電気しか知られていなかったため、持続的な電流が得られなかったのです。ボルタの電池のおかげで、人は制御の可能な、真の電流を手に入れたのです。これ以後、電磁気学の研究が飛躍的に発展します。そして現代のエレクトロニクス社会が実現されるわけです。

さて、現代ではさまざまな電池が作られています。その中でも、最も脚光を浴びている電池が**燃料電池**でしょう。

燃料電池は水の電気分解の逆の化学反応を実現している電池です。水に電気を流すと水素と酸素に分解するのが電気分解ですが、水素と酸素を結合して水を作る中で電気を作るのが燃料電池です。二酸化炭素を発生させない燃料電池は、地球温暖化対策の切り札の一つとして注目されています。

5 酸性の正体

これまでも説明してきましたが、水溶液の性質の一つとして、**酸性・アルカリ性・中性**があります。ここでは、この中の酸性について、その正体を説明していきます。

酸性の水溶液として、理科の実験では塩酸、硫酸、硝酸などがよく知られています。また、食品の世界では酢酸（すなわち酢）、炭酸、クエン酸などが有名です。共通する特徴として、リトマス試験紙を青から赤へ変色させる性質が挙げられます。また、「酸」という文字からわかるように、うすい水溶液は酸っぱい性質があります。

（注）塩酸、硫酸、硝酸などは劇薬です。実際に味を試さないでください。

これら酸性の特徴をミクロに見ると、その水溶液中に**水素イオン**H^+がたくさん含まれていることがわかります。この水素イオンが酸性の正体です。

水素イオンは水素原子から電子が１個飛び出したもので、正の電気を帯びています。酸は水に溶けて電離し、この水素イオンを放出します。これが水溶液を酸性にする原因なのです。

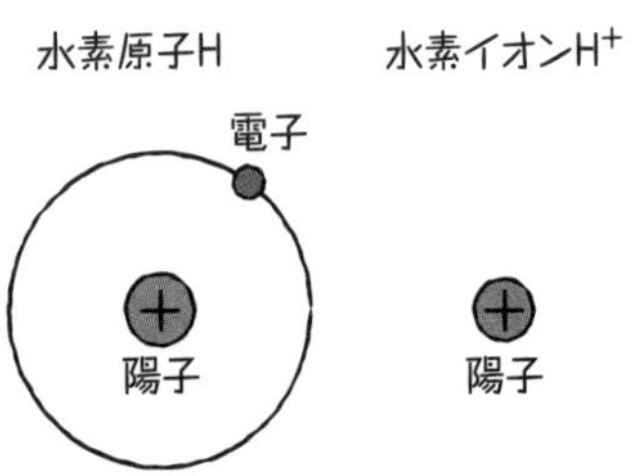

酸 → 水素イオン ＋ 陰イオン

例えば塩酸は、次のような化学反応式で表わされます。

$HCl \rightarrow H^{+} + Cl^{-}$

さて、塩酸は塩化水素の水溶液ですが、このように水に溶けて酸性を示す化合物を**酸**といいます。他にも中学理科で登場する酸の電離の様子を式に表わしてみましょう。

硝酸　$HNO_3 \rightarrow H^{+} + NO_3^{-}$

硫酸　$H_2SO_4 \rightarrow 2H^{+} + SO_4^{2-}$

ところで、水素原子Hは原子核と電子１個から成り立つ原子です。水素イオンH^{+}はその水素原子から電子が１個なくなったものですから、水素イオンは電子という衣をまとっていない状態になります。風邪をひかないか心配になりますが、通常はそのような裸の状態では存在しません。水溶液の中で水分子の酸素と結合し、**オキソニウムイオン**として存在するのです。

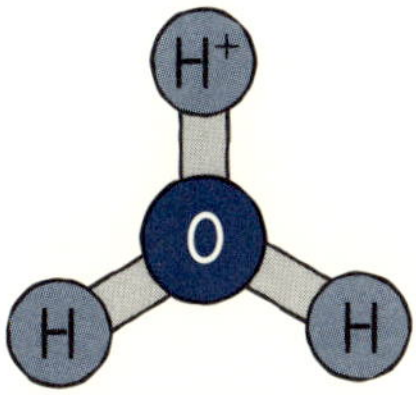

オキソニウムイオン

最後に「酸」という文字の由来ですが、これは「酸っぱい酒」という意味を表します。酒を保存していたところ、それが醗酵してしまい、酢になってしまったことを表現しています。

6 アルカリ性の正体

続いてアルカリ性の正体について説明します。アルカリ性には、リトマス試験紙を赤から青に変色させる性質があります。

アルカリ性の水溶液として、水酸化ナトリウム（苛性ソーダ）、水酸化カルシウム（消石灰）、アンモニアなどの水溶液がよく知られています。炭酸水素ナトリウム（重曹）や石鹸の水溶液もアルカリ性です。

酸性が酸っぱい味なのに対し、アルカリ性は苦味を持っているのが普通です。

（注）水酸化ナトリウムなどは劇薬です。実際に味を試さないでください。

アルカリ性の水溶液をミクロに見ると、その中に**水酸化物イオンOH^-**がたくさん含まれていることがわかります。これがアルカリ性の正体です。

水酸化物イオンとは水素と酸素が結合し、負の電気を帯びたイオンOH^-です。水分子から水素イオン１個が飛び出したもの、と考えた方がわかりやすいかもしれません。

水酸化物イオンOH^-

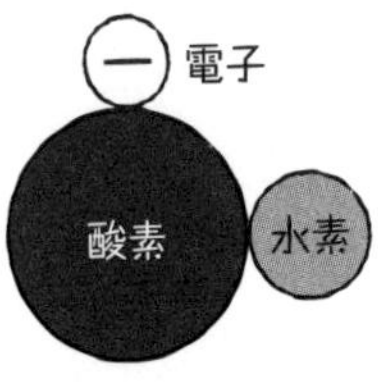

一般的に、水に溶けてアルカリ性を示す化合物をアルカリといいます。アルカリは水に溶けると電離し、この水酸化物イオンを放出します。

アルカリ → 水酸化物イオン ＋ 陽イオン

例えば水酸化ナトリウムは、次のような化学反応式で表わされます。

$NaOH \rightarrow Na^{+} + OH^{-}$

他のアルカリの電離の様子も式に表わしてみましょう。

水酸化カルシウム　$Ca(OH)_2 \rightarrow Ca^{2+} + 2OH^{-}$

アンモニア　$NH_3 + H_2O \rightarrow NH_4^{+} + OH^{-}$

アンモニアは水溶液の中の水分子から水素イオンをもらって、水酸化物イオンを作り出していることがわかります。

アルカリはアラビア語で「灰」を意味します。昔から、植物を燃やした後に残る灰（アルカリ）が酸の酸っぱさを打ち消すことが知られていました。そこで酸と対立するものとして、「アルカリ」という言葉が使われたのです。

ところで、健康ブームの中、アルカリ食品という言葉があります。アルカリ食品は、その食品を燃やして残った灰を水に溶かした液がアルカリ性であることを表したものです。例えば、レモンは酸性ですが、酸性食品でなく、アルカリ食品になります。今日の栄養学的な見解では、このアルカリ食品が人の健康に意味があるわけではないことがわかっています。

7 中和のときの酸とアルカリの量の関係

§5と§6で、**酸性**の水溶液では**水素イオン**（H^+）が、**アルカリ性**の水溶液では**水酸化物イオン**（OH^-）が、主役となることを説明してきました。ところで、酸性の水溶液とアルカリ性の水溶液を混ぜ合わせると、どうなるでしょうか？　このとき、次の反応が起こります。

$$H^+ + OH^- \rightarrow H_2O$$

水素イオンと水酸化物イオンが電気の力で引き合い、合体して「水」になるのです。この反応を**中和**といいます。

この式からわかるように、酸性の水溶液とアルカリ性の水溶液を混ぜ合わせたとき、水素イオンH^+と水酸化物イオンOH^-の個数が同じならば、できる水溶液は中性になります。酸性とアルカリ性の性質が打ち消し合うからです。

ただし、混ぜ合わせる前の水素イオンH^+と水酸化物イオンOH^-の個数が異なる場合には、できる水溶液はイオン数の多い方の性質を示します。

このような酸性とアルカリ性の中和の性質は、しばしば入試問題に出されます。そこで、次の問題を解いてみましょう。

（問）塩酸10cm^3をビーカーに入れ、BTB液を数滴加えた。これに水酸化ナトリウム水溶液を少しずつ加えていったところ、10cm^{3}加えたとき水溶液の色が緑色になった。この水酸化ナトリウム水溶液に水を加えてうすめ、濃さを半分にした。このうすめた水酸化ナトリウム水溶液で元の塩酸10cm^{3}の液の色を緑色にするには、うすめた液は何cm^{3}必要か。

（正解）20cm^3

まず注意すべきことは、BTB液が緑色になるのは「中性」の水溶液であるということです。塩酸10cm^{3}と水酸化ナトリウム水溶液10cm^{3}にそれぞれ含まれる、水素イオンH^+と水酸化物イオンOH^-の個数は一致しているのです（図１、２）。

さて、この水酸化ナトリウム水溶液の濃度を半分にしたのですから、図２と同じ個数の水酸化物イオンを得るためには、うすめた水溶液が倍、すなわち20cm^{3}必要になります（図３）。

元の塩酸10cm^{3}を中性（BTB液を緑色）にするためには、水酸化ナトリウム溶液の濃さを半分にした場合、２倍の量が必要となります。

8 中和反応と塩

酸性の水溶液にアルカリ性の水溶液を加えていくと、次第に酸性が弱くなって中性になり、アルカリ性になります。逆に、アルカリ性の水溶液に酸性の水溶液を加えていくと、アルカリ性が弱まり中性になって、酸性に変化します。このように、酸性の水溶液とアルカリ性の水溶液を混ぜ合わせたとき、お互いの性質を打ち消し合う化学変化が**中和**です。

ミクロの世界で中和を眺めてみましょう。酸性の正体が水素イオンH^+であり、アルカリ性の正体が水酸化物イオンOH^-です。これらH^+とOH^-とは次のように反応し、水になります。

$H^+ + OH^- \rightarrow H_2O$

中和とは、酸性の正体H^+とアルカリ性の正体OH^-が結合して水になる反応なのです（§7を参照）。

具体的に、塩酸と水酸化ナトリウムの中和を見てみましょう。塩酸はその水溶液中で次のように電離しています。

$HCl \rightarrow H^+ + Cl^-$

水酸化ナトリウムも水溶液中で次のように電離しています。

$NaOH \rightarrow Na^+ + OH^-$

これらが合わさると、中和により次の反応が起こります。

$HCl + NaOH \rightarrow Na^+ + Cl^- + H_2O$

ところで、Na^+＋Cl^- は何でしょうか。試しに、この実験で、中性になった時点の水溶液を少量とり、水分を蒸発させてみましょう。白い粉が残るはずです。なめると塩《しお》の味がします。この白い粉の正体は塩＝塩化ナトリウム（NaCl）だったのです。

$$Na^+ + Cl^- \rightarrow NaCl$$

このように、酸の**陽イオン**とアルカリの**陰イオン**が結び付いてできる化合物を**塩《えん》**といいます。

ここで注意することは、「塩」の読み方です。塩化ナトリウムは「しお」と読んでよいのですが、それ以外は「えん」と読みます。中学校では、次のような塩《えん》がよく出てきます。

物質名	化学式
炭酸ナトリウム	Na_2CO_3
ミョウバン	$AlK(SO_4)_2$
塩化ナトリウム	$NaCl$
硫酸バリウム	$BaSO_4$
硝酸銀	$AgNO_3$
塩化銀	$AgCl$

（注）ミョウバンにはいろいろありますが、ここで挙げたのは代表的なものです。また、塩《えん》は水を含んで存在することが多いのですが、省略しています。

再結晶を利用すると、塩《えん》は一般的に美しい結晶を作ります。塩化ナトリウムやミョウバンの結晶が有名です。

9 塩の結晶をミクロに見てみよう

物質が固体になるには、原子や分子がお互いに引き合わなければなりません。引き合う力がなければ、原子や分子はバラバラになり、固体になりません。

ここでは、中学校の教育内容を多少超えるところもありますが、これら固体の中で引き合う力の秘密を説明します。

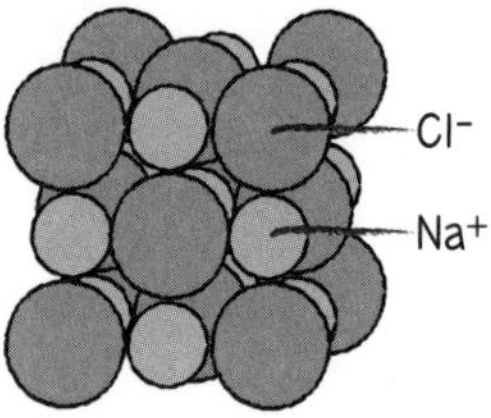

まず、塩化ナトリウムの結晶で考えていきます。この結晶は正の電気を帯びたナトリウムイオンNa^+と負の電気を帯びた塩化物イオンCl^-が交互に規則正しく並び、電気的に結び付いています（第２章§２）。このような結合を**イオン結合**といいます。多くの**塩**《えん》の結晶は、この構造を取ります。「塩《えん》」とは酸の**陽イオン**とアルカリの**陰イオン**が結び付いたものです（§８）。

ところで、ダイヤモンドは炭素だけからできています。すると、ダイヤモンドの結晶は塩化ナトリウムの結晶のようには説明できません。陽イオンと陰イオンが電気的に引き合って結合するというモデルが使えないからです。では、ダイヤモンドの中の炭素原子はどうやって引き合っているのでしょうか?

ダイヤモンドの中では、炭素同士が電子を出し合って、それを媒介に固く結合しています。このような結合を**共有結合**といいます。ほとんどの固い結晶は、このような結合によって結び付けられています。プラスチックは炭素を骨格として結び付いていますが、骨格となる炭素の結合も、この共有結合です。

さて、氷は水の結晶ですが、この氷の中の水分子はどうやって引き合っているのでしょうか？　第5章末のコラムで、水分子の中の電気の分布には偏り（**極性**）があると説明しました（右図）が、その電気の偏りを利用して、電気的に水分子同士が引き合っているのです。このように、分子の間に働く力を**分子間力**といいます。生体細胞内にある核酸の二重らせん構造も、この分子間力によります。

一方、金属も固体で結晶ですが、塩化ナトリウムやダイヤモンド、氷とは全く様子が違います。鉄や銅は電子を放出して正のイオンになり、放出された電子の海の中に正の金属イオンがプカプカ浮いたような形で結合しています。この結合を**金属結合**といい、金属光沢や曲がりやすさは、この結合の性質からきています（第3章§7）。

このように、物質を構成する粒子である原子や分子が互いに結び付く力には、いくつもの種類があり、それが物質の性質を決定しています。

酸性雨とpH

酸性雨の絡みで登場するのがpHという記号です。「東京都の発表によると、平成17年度における降水雨の年平均pHはモニタリングしている地点（葛飾、武蔵野、多摩）で各々4.61、4.55、4.51でした」などの環境問題を特集するニュース記事を目にしたことがありませんか？　このpHとはいったい何でしょうか？

pHとは「水素イオン濃度」の略号で、酸性とアルカリ性の強さを示す指標です。中性を7とし、それよりも値が大きくなるほどアルカリ性が強くなります。7よりも小さくなると、今度は酸性が強くなります。

一方、酸性雨は「pHが5.6以下の雨」と定義されています。その理由は、二酸化炭素にあります。雨は本来中性で、pHの値は7のはずですが、大気中には二酸化炭素があるため酸性になります。雨が二酸化炭素を吸収すると炭酸になりますが、その最大のpHは5.6なのです。すると、これ以上、酸性度が強ければ、窒素酸化物NOxや硫黄酸化物SOxの影響が考えられます。そこで、酸性雨はpH5.6以下と定義付けられているのです。

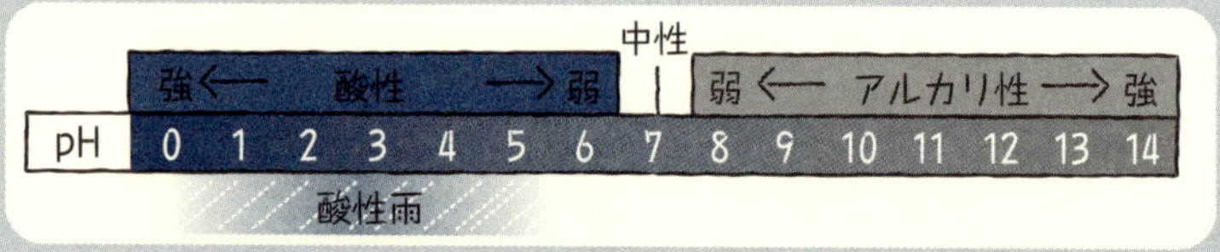

涌井良幸（わくい よしゆき）

1950年東京生まれ。東京教育大学（現筑波大学）卒業後、教職に就く。現在、千葉県立大宮高等学校教諭を務め、新教育法や統計学の研究に専念。『ゼロからのサイエンス統計解析がわかった』『ピタリとわかる統計解析のための数学』『大学入試の「抜け道」数学』『絵でわかる電気』『くらしの科学がわかる本』など著書多数。

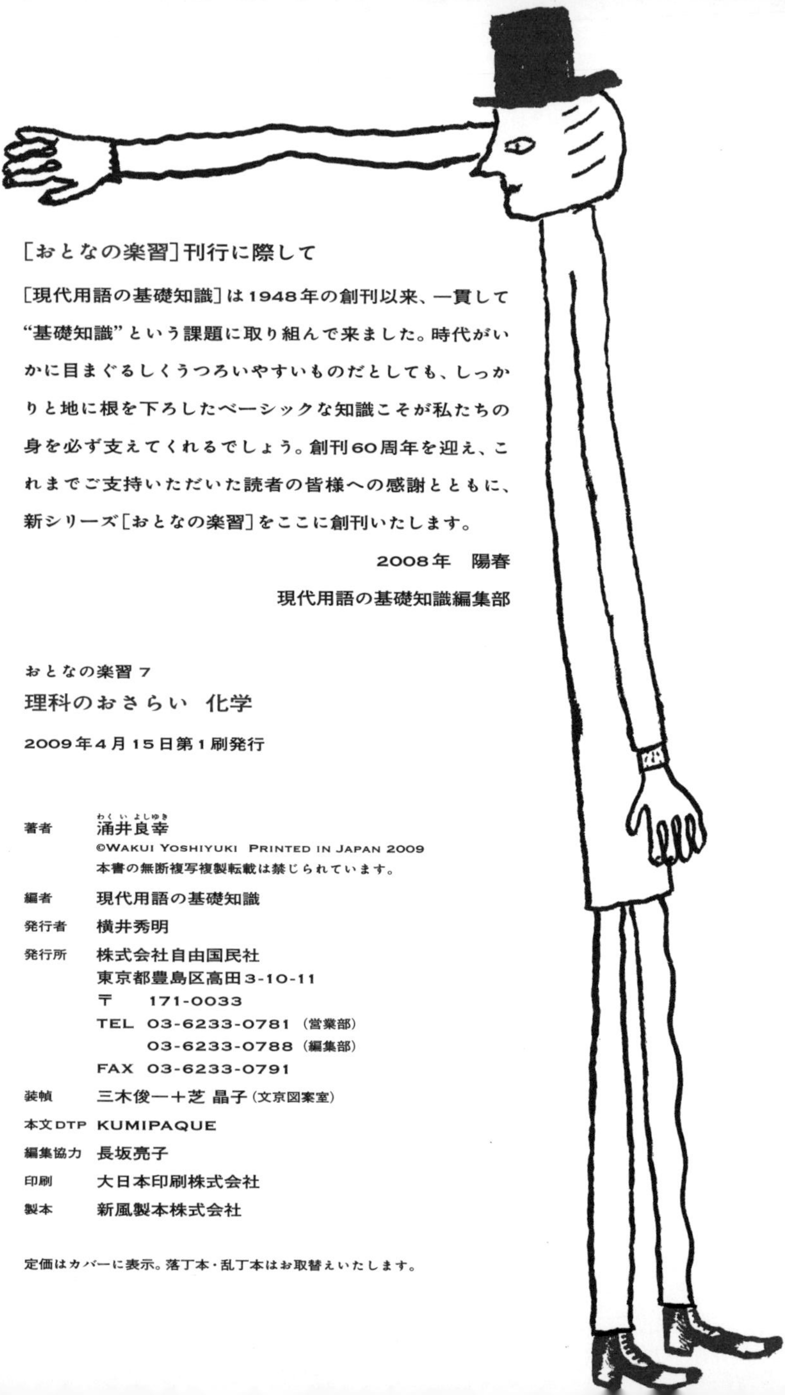

［おとなの楽習］刊行に際して

［現代用語の基礎知識］は1948年の創刊以来、一貫して“基礎知識”という課題に取り組んで来ました。時代がいかに目まぐるしくうつろいやすいものだとしても、しっかりと地に根を下ろしたベーシックな知識こそが私たちの身を必ず支えてくれるでしょう。創刊60周年を迎え、これまでご支持いただいた読者の皆様への感謝とともに、新シリーズ［おとなの楽習］をここに創刊いたします。

2008年　陽春

現代用語の基礎知識編集部

おとなの楽習 7

理科のおさらい　化学

2009年4月15日第1刷発行

著者　涌井《わくい》良幸《よしゆき》

編者　現代用語の基礎知識

発行者　横井秀明

発行所　株式会社自由国民社

東京都豊島区高田3-10-11

〒　171-0033

TEL　03-6233-0781（営業部）

03-6233-0788（編集部）

FAX　03-6233-0791

装幀　三木俊一＋芝 晶子（文京図案室）

本文DTP　KUMIPAQUE

編集協力　長坂亮子

印刷　大日本印刷株式会社

製本　新風製本株式会社

定価はカバーに表示。落丁本・乱丁本はお取替えいたします。